服装工程设备配置与管理

夏　蕾　惠　洁　李艳梅　王燕珍　编著

东华大学 出版社

图书在版编目(CIP)数据

服装工程设备配置与管理 / 夏蕾等编著. —上海：
东华大学出版社,2013.12
ISBN 978 - 7 - 5669 - 0214 - 6

Ⅰ.①服⋯ Ⅱ.①夏⋯ Ⅲ.①服装工业—机械设备—
配置—教材②服装工业—机械设备—设备管理—教材
Ⅳ.①TS941.56

中国版本图书馆 CIP 数据核字(2013)第 005058 号

服 装 工 程 设 备 配 置 与 管 理

Fuzhuang Gongcheng Shebei Peizhi Yu Guanli

编 著/ 夏 蕾 惠 洁 李艳梅 王燕珍
责任编辑/ 谭 英
编辑助理/ 孙晓楠
封面设计/ 陈南山
出版发行/ 东华大学出版社
　　　　　 上海市延安西路 1882 号
　　　　　 邮政编码:200051
出版社网址/www.dhupress.net
天猫旗舰店/dhdx.tmall.com
经销/ 全国新华书店
印刷/ 昆山亭林印刷有限责任公司
开本/ 787 mm×1092 mm 1/16
印张/ 8.25 字数/ 211 千字
版次/ 2013 年 12 月第 1 版
印次/ 2013 年 12 月第 1 次印刷
书号/ ISBN 978 - 7 - 5669 - 0214 - 6/TS·375
定价/ 25.00 元

前　言

　　中国服装产业日趋成熟，国际竞争力也由廉价劳动力成本优势向高质量产品优势转变。服装设备的改进和更新换代在这种转变中具有重要的意义。服装设备的改造可以提高劳动生产率，化解劳工荒问题；解决熟练技工紧缺问题；解决制造过程中人为因素产生的质量问题。在服装生产设备中，吊挂生产线、电脑缝制设备、电脑控制专业工艺设备、产品信息条码分拣设备、后整理设备、产品检验检测设备等大量被引进和应用。

　　本书作者是在多年教学和科研的基础上，按照服装生产流程，从不同生产环节方面来全面介绍了各种服装设备的加工原理和应用。本书既可作为服装院校的专业教材，也可作为服装企业管理人员的培训教材。

　　本书的第一章、第三章由夏蕾老师编写，第二章由王燕珍老师编写，第四章由李艳梅老师编写，第五章、第六章由惠洁老师编写。

　　本书在编写过程中得到了上海工程技术大学孙雄教授、谢红教授的热情指导，得到了上海服良时装有限公司副总经理汪毅、原上海纺织职工大学服装分校校长与高级工程师冯翼的热情帮助，在此对他们表示衷心的感谢。

　　本书为上海工程技术大学"卓越工程师"项目教材建设之一。

　　由于编者水平有限，书中难免有不妥之处，敬请各位专家、读者批评指正。

作者

目　录

第一章　服装设备基础知识

第一节　服装设备概述

　　最早的服装加工工业是在个体手工劳动的基础上发展起来。服装设备的发展对满足人类服装多样化和快速化需求起着重要、积极的作用。经多年研制而成功生产出的自动化服装设备(包括自动缝纫机、自动裁剪设备和自动后整理设备等)的使用,有力地促进了服装制造业的迅速发展,使人们更清楚地看到发展服装设备的重要意义。

一、服装设备的主要概念

　　服装工业化生产的工艺流程是:产品计划、选定设计、样板制作、工业化样衣制作、纸样放码(尺寸放大与缩小)、裁剪、缝制、整烫、检验、成品。其整个流程中所用到的机械设备统称为服装设备。最主要的服装设备包括工业缝纫机、裁剪与熨烫整理设备。

二、服装设备的重要性

　　随着社会科技的发展,工业化生产分工越来越精细,在服装工业生产中需要采用不同规格、品种的服装加工设备来完成不同款式服装的生产,以代替半机械半手工的生产。所以,各种功能的服装加工设备在服装生产加工企业中必不可少。服装生产通常要经过裁剪、缝制、熨烫、检验和包装等工序,在各工序中要根据产品各部位的工艺要求,采用各种线迹的缝纫机,缝制出形状、性能不同的线迹。

　　以西服生产线采用的设备品种为例:一条先进的西服上衣生产线,包括 7 个部件组和 129 个工序。其中手工工序 29 个;运用熨斗和熨烫设备的整烫工序 40 个;需用各种功能平缝机的工序 36 个;其余为采用特种功能缝纫机的工序。由此可知,服装加工工艺直接影响着产品的质量,同时服装加工工艺必须通过服装设备来实现。因此,服装设备在服装加工生产中占有极其重要的地位。服装设备的品种、规格、状态、精度和功能的好与差,直接影响产品的质量。

三、服装设备的发展历史

据考古史记载：在北京周口店猿人洞穴内曾发掘出用手工磨成的骨针，这证明当时我们的祖先已能够应用简单的缝纫技术把树叶或兽皮连制成"衣服"。由此可见，我国的缝纫技术具有十分悠久的历史。随着社会经济、政治、文化、科学的发展，人类的服饰衣着从低级向高级发展，缝纫技术也从粗糙、简单向精细、复杂方向发展。在奴隶制社会，服装造型简单，缝纫技术也简单粗糙。汉代开始使用铁针，促进了缝纫技术的发展。随着丝绸的出现，服装制作要求更精细，缝纫技术也得到了进一步的发展。到了近代，由于受到先进技术的影响，我国的服装服饰出现很大的变革，缝纫技术得到了新的发展。

纵观整个世界缝纫技术的演变过程，可以看到缝纫技术的发展经历了从简单到复杂，从低级走向高级的一个过程。采用缝纫设备代替手工缝纫已成为必然趋势。世界上最早的缝纫机出现于1850年左右，是由美国胜家公司制造。当时，这种缝纫工具构造简单，只能用一根线缝纫，主要机件是机针和钩针。

随着人类科学技术的不断进步，新产品、新技术、新材料、新工艺不断地被应用到服装设备的生产中，这促进了服装设备的发展。目前，一个大型服装厂从剪裁、缝纫、熨烫到成衣出厂都已采用全套的机械设备。近年来带微处理机的专用机（比如缝牛仔裤裆缝的双针机，前后片的接缝机，上裤腰、上领、上袖、上袖口、打褶、开口袋、锁眼、钉扣、上带袢等专用机）的使用也越来越广泛。目前世界上服装机械设备有4000多种，基本形成了机械化、连续化、自动化的生产工业体系。

当前服装设备的发展概括起来有以下特点：

（1）产品系列化程度不断提高。确定基础产品，开发派生系列产品，向一机多用方向发展。选用数量较大的平缝机作为基础产品，通过改变不同数量的机针及缝针，来改变线迹形状和附属装置，形成系列产品，使缝制设备性能进一步完善、效率进一步提高。

（2）服装设备不断实现机电一体化。综合应用电子、电脑、气动、液压、激光等高科技手段，使服装设备实现高速化和操作自动化，进一步提高生产效率和产品质量。

（3）服装设备的配置更注重面向小型服装企业小批量、多品种、短周期的生产体系。主要以不同模式生产系统、快速反应生产系统以及吊挂传输柔性加工系统为基础，使服装生产过程逐步走向计算机控制加工设备的系统化生产。

第二节　服装设备基本知识

服装设备的基本知识主要包括服装设备的分类方法、服装设备的命名方法等。

一、服装设备的分类

目前，服装设备的分类主要有三种方法：按动力分类、按服装款式分类、按用途分类。按动力分类可以分为手摇式、脚踏式和电动式三种。按用途作用分类有裁剪设备、服装缝纫设备、锁眼设备、套结设备、包缝设备、钉扣设备、粘合设备、整烫设备以及各种专用设备等。另外,按服装款式分类,如西服生产线设备、衬衫生产线设备、牛仔裤生产线设备等。一般情况下按设备的用途和功能进行分类,其分类情况见图 1-1。

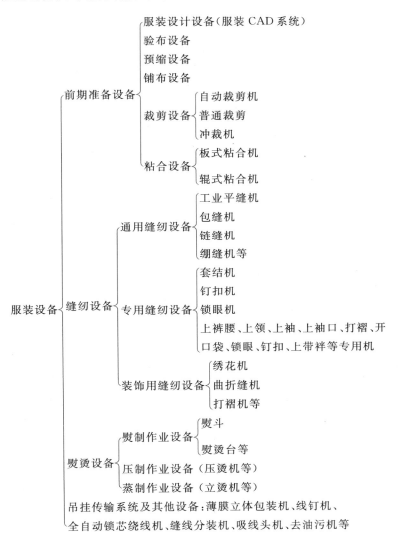

图 1-1　服装设备的分类

二、服装设备的命名方法

(一) 缝纫机的命名方法

我国于 1958 年颁布了国产缝纫机的统一型号标准,1983 年通过了新的缝纫机国家标准。标准中关于缝纫机型号格式见图 1-2。

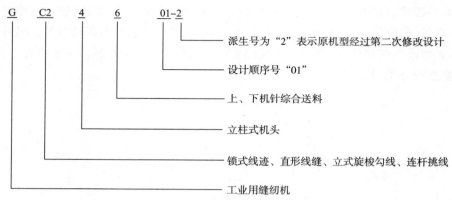

图 1-2 缝纫机型号格式

1.使用对象代号

用一个汉语拼音大写字母表示。根据缝纫机使用对象不同,有以下规定:

"J"—家用缝纫机,拼音"家"的声母;

"G"—工业缝纫机,拼音"工"的声母;

"F"—服务性行业缝纫机。拼音"服"的声母。

2.线迹、线缝、勾线和挑线机构特征代号

用一个汉语拼音大写字母表示,具体规定见表 1-1。

表 1-1　线迹、线缝、勾线和挑线机构特征代号

分类代号	机构和线迹	分类代号	机构和线迹
A	凸轮挑线,摆梭勾线,双线连锁线迹	N	针杆挑线,双弯针勾线,三线切边包缝线迹
B	连杆挑线,摆梭勾线,双线连锁线迹	O	针杆挑线,单钩针勾线,单(双)线编织线迹
C	连杆挑线,旋梭勾线,双线连锁线迹	P	针杆挑线,单钩针勾线,单(双)线拼缝线迹
D	滑杆挑线,旋梭勾线,双线连锁线迹	Q	凸轮挑线,旋梭勾线,双线连锁线迹
E	旋转挑线,摆梭勾线,双线连锁线迹	R	滑杆挑线,旋梭勾线,摆动针杆,双线连锁线迹
F	旋转挑线,旋梭勾线,双线连锁线迹	S	滑杆挑线,摆梭勾线,双线连锁线迹
G	凸轮挑线,摆梭勾线,摆动针杆,双线连锁线迹	T	针杆挑线,四只弯针勾线,四线双链式线迹
H	连杆挑线,摆梭勾线,摆动针杆,双线连锁线迹	U	使用圈针的缝纫机
I	连杆挑线,旋梭勾线,摆动针杆,双线连锁线迹	V	高频无线塑料缝纫机
J	针杆挑线,旋梭勾线,单线链式线迹	W	无针线制皮机
K	针杆挑线,单弯针勾线,单(双)线链式线迹	X	电动刀片裁布机
L	针杆挑线,弯针、叉针勾线,单线接缝线迹	Y	凡不属上述 A—X 各项机构和线迹
M	针杆挑线,弯针、叉针勾线,双线包缝线迹		

3.机体形状特征代号

用一个阿拉伯数字表示。具体规定见表 1-2。当机头在下送料形式时,下列情况的机体

形状连同送料形式可以在型号中省略不表示。

表 1 - 2 机体形状特征代号

代号	机体形状	代号	机体形状
0	平板式	4	立柱式
1	平台式	5	箱体式
2	悬筒式	6	可变换式
3	肘形筒式	7	其他形式

4. 送料形式特征代号

用一个阿拉伯数字表示。具体规定见表 1 - 3。

表 1 - 3 送料形式特征代号

代号	送料形式	代号	送料形式	
0	下送料	5	下机针送料	
1	上送料	6	上、下机针综合送料	
2	机针送料	7	无送料系统	缝料、机头静止
3	上、下综合送料	8		缝料手动
4	上机针送料	—	—	—

5. 设计顺序号

用两位阿拉伯数字表示,当顺序号不满 10 且左边又无阿拉伯数字时,可用个位数字表示。在现行的机型结构上作出重大的改进设计,如线迹种类、缝合对象、结构布局和尺寸规格等,都需改变设计顺序号,形成一种改进后的新产品型号。

6. 派生号

在现行的机型结构上派生出来的机型,它和原型机型相比只有微小的变化。

(二) 专用服装设备的命名方法

专用服装设备的命名方法,一般同于缝纫机的命名方法。通常情况下,第一个字母代表使用对象;第二个字母代表主要结构和线迹形状;第三组数字表示机种类型;第四组数字通常表示原有基础的改型顺序代号,但有时用来表示机种的主要特性(图 1 - 3)。

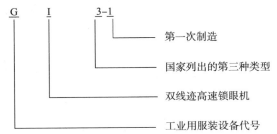

图 1 - 3 专用服装设备命名方法

国家标准规定,当机头在下送料时,A、B、C、G、H 系列的平板式机头,X、N 系列的平台式机头,其机头形状和送料形式的特征代号可以省略 G。

第二章　服装准备及裁剪设备

　　服装在设计之后就需要组织投入生产。由于加工方式的不同造成了服装加工流程的变化:对于批量化生产来说,生产流程为订单、采购、各号型纸样设计制作、排料、裁剪、缝制、包装整理(图2-1),其中服装准备为订单、采购、各号型纸样设计制作、排料、裁剪这五个生产流程;对于批量定制来说,生产流程为订单、采购、形体测量、纸样设计、排料、裁剪、缝纫、整理包装(图2-2),其中服装准备为订单、采购、形体测量、纸样设计、排料、裁剪这六个生产流程;对于个体定制或样衣制作来说,生产流程为订单、采购、形体测量、纸样设计、排料、裁剪、缝纫、整理包装(图2-3),其中服装准备为订单、采购、形体测量、纸样设计、排料、裁剪这六个生产流程。

　　综上所述,服装准备是服装生产加工过程中进入缝制过程前的一切生产流程。从图2-1~2-3中可知,服装准备过程所需的设备包括了服装CAD系统、验布设备、预缩设备、铺布设备、裁剪设备及粘合设备。

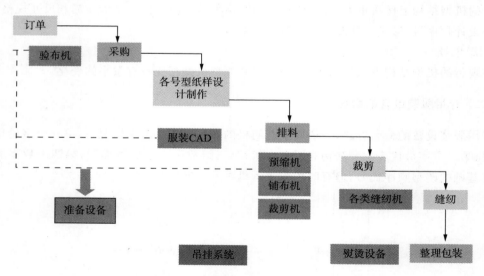

图2-1　批量化生产过程及设备使用

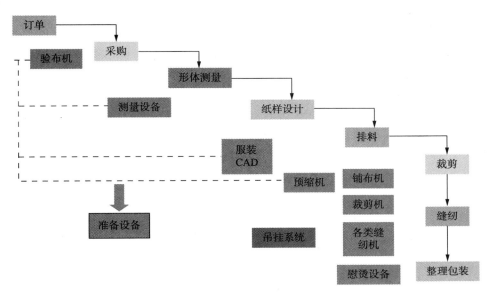

图 2 - 2　批量定制过程及设备使用

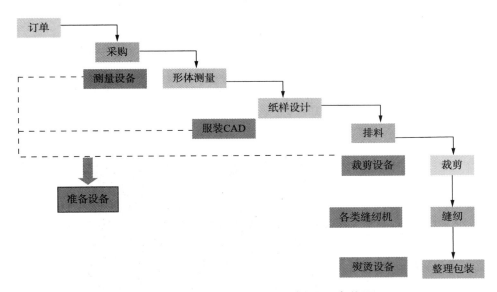

图 2 - 3　个体定制或样衣制作过程及设备使用

第一节　服装 CAD 系统

服装 CAD 系统(Garment Computer Aided Design System),即服装计算机辅助设计系统,它是现代化科学技术与服装设计及生产相结合的产物,是一项集服装款式设计、服装结构设计、服装工业样板设计和计算机图形学、数据库、三维展示等知识于一体的现代化高新技术，用以实现服装产品设计和开发。

服装 CAD 是在 20 世纪 70 年代起步发展的，随着计算机技术以及网络技术的迅猛发展，服装 CAD 技术在产业中的运用也日益广泛。服装 CAD 系统作为一种专业的服装计算机应用系统，主要包括了硬件和软件两个组成部分。

服装 CAD 系统硬件配置由计算机主机(基本配置)、输入设备和输出设备三部分构成。计算机主机包括处理器、存储器、运算器、控制器；输入设备包括键盘、鼠标、光笔、扫描仪、数字化仪、摄像仪或数码相机等；输出设备包括打印机、绘图仪、切割机、自动铺布机、电脑裁床等。

服装 CAD 软件一般由系统软件、支撑软件及应用软件组成。若按照软件的功能来分，一般包括款式设计软件、纸样结构设计软件、放码和排料软件等。

随着计算机技术的发展，国内外服装 CAD 的品牌相继出现，国外 CAD 品牌有 Optitex、格柏(Gerber)、爱维斯、派特、东丽、度卡、力克(Lectra)、微捷、日升、key、旭化成、爱思特(AST)等。国内服装 CAD 品牌有丝绸之路、ET、时高、佑手、宝仙路、立格、富怡、爱科、突破、英格、航天、羽田、比力、智尊宝纺、樵夫等。

一、CAD 系统的基本配置

按计算机处理方式，服装 CAD 系统可以分为两种：一种是通过主电子计算机进行中央集中处理；另一种是采用个体电子计算机基本信息的分散处理形式。由于 CPU 随着科技进步在不断发展，在选择 CPU 时只要符合当前市场的主机即可。目前以 Pentium Pro、Pentium MMX 和 Pentium Ⅳ 为 CPU 的 32 位微机为主流机型(图 2 - 4)。主频由 16MHz 逐步到 200MHz 以上。与 CPU 发展相配套的其他硬件，如硬盘(Hard Disk)、内存条(DRAM)、光盘 (CD)、软盘(Floppy Disk)、显示器(Monitor)、鼠标等也在迅速发展。

图 2 - 4　服装 CAD 系统基本配置

二、CAD 系统中的输入设备

图形输入设备有扫描仪、数字化仪、摄像机及数码相机等。

（一）数字化仪

数字化仪是一种实现图形数据输入的电子图形数据转换设备，由一块图形输入板（读图板）、一个游标定位器或触笔组成。读图板有电磁感应式、磁致伸缩式、静电感应式和超声延时式等，常用的是电磁感应式读图板，读图板下面是网格状的金属丝，不同位置产生不同的感应电压而代表不同点的 x、y 坐标值。游标有四键、十六键等不同种类。触笔从有线发展到无线。

数字化仪是一个独立的工作平台，读图时将样片平放在基板上，然后沿样片的轮廓线移动游标，可将衣片轮廓上各点的坐标输入计算机。通过读图板菜单可输入以下信息：样板（包括名称、内线、钻孔、剪口等），放缩点的编号，放缩规则。其样式如图 2-5 所示。

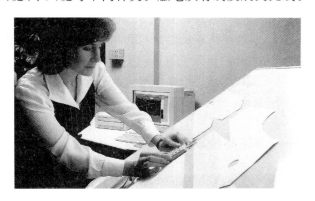

图 2-5　数字化仪（样片输入－读图板）

（二）扫描仪

扫描仪是一种将图片通过投射光线和一组光学镜头传输到感光元器件上，并把读取的一行行象素转换成数据存入计算机的设备。扫描仪按所持颜色可分为单色扫描仪和彩色扫描仪；按操作方式可分为手持式扫描仪、台式扫描仪。扫描仪的主要技术指标是分辨率、灰度级和速率。分辨率是指在原稿上每英寸上的采样点数，单位是 DPI（Dot Per Inch），目前常用的分辨率有 600DPI、1200DPI、2400DPI。灰度级是指对颜色明亮度的分辨率能力。

（三）摄像仪、数码相机

常用的有两种：监控系统所用的专业型和家用型。一般应选择扫描线数较高的型号以及色彩保真度较高的设备。

三、CAD 系统中的输出设备

（一）打印机

这是一种利用点阵方法逐行打印的设备，主要有分针式、激光、喷墨和热感应四类。针式打印机是一种钢针撞击式的低速打印机，其成本低，维修方便。激光打印机是用激光束沿着圆柱形转鼓轴向不断地扫描，把要打印的图像"写"在转鼓上，再把这一图像转移到纸上。喷墨打印机是利用连续电荷引导油墨或采用按需滴墨电振法的喷墨技术进行混色调墨的打印机。热感打印机有两种,其中有一种是利用热感应纸,由热感应头的温度编号在纸上形成图像。

(二) 绘图机

绘图机可把计算机生成的图形用绘图笔或喷墨方式画在绘图纸上而保存下来。服装CAD系统中样片设计和放码系统所生成的样片图、排料系统所生成的排料图,都要以1:1的比例绘制在绘图纸上,供裁剪工序使用。

绘图机的主要技术指标有:绘图速度、步距、绘图精度、重复精度、零位精度及其他功能(图形大小、画笔颜色、插补线型等)。绘图机有滚筒式绘图机和平板绘图机两种。

(1)滚筒式绘图机是一种通过绘图笔或喷墨头横向移动,绘图纸纵向运动而产生图形轨迹的绘图机,其结构简单、价格低廉、易于操作,已成为通用的绘图设备。

(2)平板绘图机是将绘图纸平铺在绘图平台上,绘图笔进行纵向和横向的运动而产生图形轨迹。其绘图面积由绘图板面积决定,绘图宽度受台板宽度限制,若有自动走纸机构,绘图长度可达30m。国际上有许多服装CAD系统公司,研制了专门针对绘制服装样片和排料图的宽幅平板式连续走纸绘图机,如Gerber公司的Accuplot 700系列、Accuplot 300系列绘图机,法国Lectra公司的E32绘图机等。

四、CAD 系统软件

服装CAD的软件是硬件的灵魂,从功能上来分一般包括:①服装款式设计系统,包括服装款式设计、服装面料设计、服装色彩搭配、服饰配件设计等;②服装纸样设计系统,包括结构图的绘制、纸样的生成、缝份的加放、标注标记等功能;③服装样片放码系统,如由单号型纸样生成系统多号型纸样;④服装样片排料系统,如设置门幅与缩水率等面料信息、进行样片的模拟排料、确定排料方案等。

(一) 服装款式设计系统

计算机服装款式设计的主要目的是辅助设计师构思出新的服装款式。服装款式设计系统应用计算机图形和图像处理技术,为设计师提供一系列在计算机上完成时装设计和绘图的工具,使设计师不用笔和颜料,就能实现自己的理念构想。

运用服装CAD设计服装可通过两种途径完成:一是将手绘与计算机相结合。线是服装CAD的基础,它在计算机中分为图形线和矢量线两种。在计算机上进行服装设计时,选择哪种线要根据设计而定。服装CAD款式设计系统中带有画笔工具,可以运用鼠标或数字化仪直接在计算机显示屏上绘画。通过选择不同类型的画笔(如铅笔、毛笔、直线笔等)、不同粗细的笔触和不同的压力,创造出生动而富有个性的造型。同时还可以将手绘的线描设计稿通过扫描仪输入计算机,利用款式设计中的部分功能,例如:选择、移动、漆桶、渐变、涂抹、锐化等来进行修改和着色处理。这样使用多种方法结合可以将效果图表现得臻于完美。第二种款式设计方法是在模特着装实物图片中,挑选出最接近构思的一种或几种,用扫描仪将图片输入计算机,再运用计算机中的铅笔、直线笔、喷笔、印章及拉伸、剪切等工具将原型变成自己所需的款式,然后进行变色或面料材质模拟。这样的效果图能将服装与人体着装效果表现得真实可信。

服装 CAD 在服装设计中的运用,其显而易见的优势可归纳如下:

(1)精确性。计算机服装效果图的表现形式在尺寸、色彩、面料及款式细节交待等方面具有较高的精确性,可较真实地反映服装的特点;

(2)可随时存储或调用。手绘效果图在纸上不易保存。而机绘效果图需要使用时可随时调用、修改、拷贝。由于服装设计方案需要客户认可后方能生产,设计者往往需要根据客户的意见不断调整、修改。而服装 CAD 系统是将这一繁琐过程简而化之的有效手段;

(3)快捷性。运用计算机可以使设计者在较短的时间内修改、重复、替换元素;

(4)庞大的后备图库。运用计算机巨大的存储功能,可以将常用的素材收集输入计算机中,分类命名存储,供使用时所需。在长期从事服装设计过程中,必然会接触到各式各样的行业并为它们"量身定做"设计出针对性的服装,这就需要计算机的存储功能,科学地、有序地、分门别类地建立设计方案的后备图库;

(5)网络传递功能。通过电脑上网可以最快最准确地掌握各种最新、最快的时尚信息,包括款式、色彩、面料,并将其运用到服装设计领域中去。

(二)服装纸样设计系统

服装 CAD 的纸样设计系统也就是衣片设计,主要包括衣片的输入,各种点、线的设计,衣片的生成及绘制输出等功能。衣片的生成是在各种辅助线、辅助点及结构线设计好后,通过点、线选择的操作,生成衣片的轮廓线、内部结构线、缝纫加工标志点与线,从而完成衣片的制作。

服装制板系统样板绘制的步骤一般是根据服装的规格尺寸建立尺寸表,利用软件系统提供的工具进行找点连线,并对其图形作出调整,完成某一规格服装样板的制作。

服装 CAD 的打板模式有四种:点打板法、线打板法、点线结合打板法和样板移点法。如格柏服装 CAD 可提供多种打板方式:线打板法、点线结合打板法、样板移点法。其打板模式的优点主要体现在这几个方面:①软件提供多种打板与样片生成方式:线打板、点线结合打板、套取法、抽取法、移点修改法。用户可根据自己的喜好和具体工作特点灵活选择。格柏服装 CAD 摒弃了公式打板,完全采用注寸打板的方式。②可根据具体打板的需要,自由创建工具栏,灵活设置打板界面,随意设置各种参数,为用户创建了一个极为开放的打板环境。③在未选中任何工具和命令的状态下,鼠标移到任何一块样片上,样片即被选中,单击即可随意移动。样片退回图像单后,再单击样片图标,即可将样片移回打板区,而且可以无限多次地移入,从而方便面板、里板和衬板的制作。④能够一次性测量并显示多段线条的长度,且支持测量尺寸显示公制与英制的随意转换,这对于国内外贸服装企业用公制打板、英制检验的打板方式来讲是非常有帮助的。这种功能也是多数服装 CAD 软件所不具备的。⑤软件对点、剪口、线和样板做了严格的区分,并提供各自的创建和修改工具,且工具齐全,功能强大。⑥软件中的纸样变化功能非常强大,包括开省与转移、做褶、纸样展开、折叠、分割与修改等功能,而且非常快捷,实用性强。⑦软件中将缩放与缩水做了严格的区分,其缩水命令完全符合实际操作的要求和习惯。另外,软件还实现了多块样板同时加放相同的缩率,从而省去了很多计算的麻烦,避免了不必要的错误,提高了效率。⑧软件中对缝份的加放功能强大,可以对多块样片一次性加上相同的缝份,也可以对一块样片上的每一条线段逐一添加缝份,而且实现了裁割线与车缝线的交换。其众多的缝角处理命令可以完成很多服装加缝过程中复杂的边角处理,非常实用。⑨可直接生成一些常规的服装样片,并能快速地在已有样片的基础上创建相关的新样片,十分方便。⑩每块样片单独命名,独立保存,为用户排版和输出提供了任意选择的空间。

(三)服装样片放码系统

服装样片放码系统是服装 CAD 中最早研制成功、应用最为广泛的系统。放码系统是对制作好的基础样板按照尺寸表由各部位的档差进行推档,对基础样板进行放缩处理,完成其他号型样板的制作,具体就是利用服装纸样设计系统建立用直线、曲线、点等图形元素描述的样片数字化模型,通过逐点位移法、公式法、网状法等建立起放码规则,并可进行曲线修改调整,经过放缝边、贴边等得到最终的样片。

在放码系统中,建立样片放码规则至关重要。主要有以下几种方法:

(1)逐点位移法根据经验,对各放码点以放大或缩小的增量,产生新样片的关键点,经曲线拟合,即可生成新号型的样片。

(2)公式法对样片上的所有关键点,用服装基本尺寸公式表示其坐标值。放码时,只需重新输入服装的基本尺寸或改变号型,由系统重新计算样片各关键点的坐标值,再将各点连线或曲线拟合以产生新号型的样片。即放缩规则依据关键部位尺寸进行计算产生。只要在样片设计系统中设计样片时用公式法,系统即可自动实现放码,并可根据需要将所有码号显示出来,使放码工作更为便捷。

(3)网状法应用数字化仪把放码点的网状规则输入,即用数字化仪输入最大号型及最小号型样片,再输入两者之间的号型种类个数,计算机会自动算出放码规则进行推档。

(四)服装样片排料系统

排料系统是对制作好的样板,按照生产任务的要求,设置麦架的宽度、面料的缩水率等参数情况下进行排料,可以采用计算机自动排料,也可手动排料。一般常用方法有以下两种:

1. 交互式排料

样板师首先要组织和编辑全部待排料文件,经过放码和加缝边的所有待排衣片将显示在待排衣片区内,用光笔或鼠标等人机交互工具,排板师可逐一从屏幕上点取待排衣片区内。同时可对衣片进行翻转、旋转等操作。在排好区域内,系统会显示排定的衣片数、待排衣片数、用料长度和用布率等信息。交互式排料模仿了人工排板过程,在排料系统中可进行衣片排放位置的调整和重放,操作灵活方便,又无需铺布和占用裁床,大大缩短了排料时间,提高了效率,降低了劳动强度,提高了用布率。

2. 自动排料

在排料系统控制下,电脑自动地从待排衣片中选取衣片,逐一地放到最优位置上,直到把全部待排衣片排放完毕。为提高用料率,可反复进行多次自动排料操作,设置自动排料次数。

第二节 服装准备设备

一、验布设备的种类及功能

验布机是服装行业在生产前对棉、毛、麻、丝绸、化纤等特大幅面、双幅和单幅布进行检测的一套必备的专用设备。验布机主要完成六个验布项目：货号、门幅、长度、颜色（色相、色差）、外观织疵和卷装整理。

验布机的作业方法：提供验布的硬件环境，连续分段展开面料，提供充足光源，操作人员靠目力观察，发现面疵点和色差，验布机自动完成记长和卷装整理工作。性能好的验布机带有电子检疵装置，由计算机统计分析，协助验布操作并且打印输出。

验布机的基本结构包括：①面料退解、曳行和再卷绕装置；②验布台、光源和照明；③记码装置；④面料整理装置；⑤启动、倒转和制动装置。

验布机的种类包括：针织验布机、梭织验布机、无张力验布机、多功能验布机、针梭两用验布机、牛仔布验布机、梳织布验布机。但是常用的验布机为针织验布机和梭织验布机两种。

梭织验布机广泛应用于梭织服装厂。适用产品范围：棉、麻、毛梭织物以及人造毛皮检验。

针织验布机用途经济实惠、简约而不简单；速度灵活可调，选用调速器，卷布速度灵活控制；操作方便灵活；广泛应用于服装厂、鞋厂、针织厂、针织制衣厂、梳织厂等行业布料复卷、量码、松布、卷布。适用产品范围：毛呢、色织、丝织、印染、针织、棉织或其他织物的半成品或成品。针织验布机样式如图 2-6 所示。

图 2-6 针织验布机

二、预缩设备的种类及功能

面料预缩作用有：①稳定面料的缩水率；②进一步提高面料品质和尺寸稳定性；③改善面料物理性能或保护面料表面质量，如手感和目感、色彩和光泽、消除折痕、提高丰满度、表面光洁度、改善经纬密度的均匀性和纬斜等；④化纤面料的定型处理；⑤改善缝制性能；⑥面料升档和提高服装产品附加值。

面料预缩方式有：湿热预缩、汽蒸预缩、热风式定型预缩。其中湿热预缩、汽蒸预缩应用较多。

（一）湿热预缩机

湿热预缩机的预缩目的是获得稳定的服装面料尺寸，一般要求收缩效应达到经纬向缩水率都低于3%，除了获得稳定的外形尺寸外，还可改善织物的手感和目感，使面料达到一定的重量和硬挺度要求。

湿热预缩机主要对棉、麻、蚕丝及粘胶等纤维素纤维的面料进行预缩，这类面料吸湿性大，纤维易发生溶胀使纤维长度缩短，进而影响以其为原料的面料及其混纺织物的尺寸稳定性。湿热预缩机的基本流程是喷湿—挤压—烘干，根据包覆材料的不同，可以分为橡胶毯式预缩机、呢毯式预缩机、橡胶毯和呢毯混合式三种代表性的设备，它们的工作原理都是采用了"弯曲变形挤压"原理。

1. 湿热预缩机的分类

1）橡胶毯式预缩机

橡胶毯式预缩机的工作原理是：充分给湿的面料在给布辊1和加热承压辊5之间通过橡胶毯2的包覆，进入预缩机的加热承压辊5表面，橡胶毯2在给布辊1和加热承压辊5之间被弯曲，发生外层拉伸内层挤压的变形。橡胶毯良好的弹性形变面料被紧紧挤压包覆在橡胶毯和加热承压辊5之间，一边挤压收缩，一边烘干，达到经向收缩的目的。如图2-7所示。

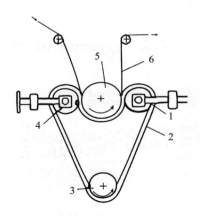

图2-7 橡胶毯机械预缩机工作机构示意图
1—给布辊 2—橡胶毯 3—橡胶毯张力辊 4—出布辊 5—加热承压辊 6—织物

2）呢毯式预缩机

图 2-8（a）为呢毯式顶缩机示意图，面料 6 经给湿装置 1 被均匀给湿后，随着 5～14mm 厚的呢毯 5 进入大烘筒 4，由于呢毯面离开喂布辊 7 进入大烘筒 4 时曲率发生变化，如图 2-8（b）所示，紧贴呢毯的面料随着呢毯伸长面（如 a'）的收缩（如 a"）而发生变化，即呢毯表面反向回复变形的作用，被迫收缩；此时，大供筒 4 向外喷射的蒸汽，令面料的收缩初步定型，再经烘筒装置将面料烘干。经处理后的面料收缩率一般可降至 3％ 以下，稳定性也较好。

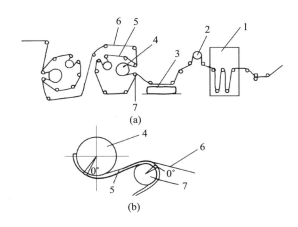

图 2-8　呢毯式预缩机
（a）示意图　　（b）呢毯曲率变化
1—给湿装置　2—预烘烘筒　3—整幅装置　4—烘筒　5—呢毯　6—面料　7—喂布辊

2. 湿热预缩机的应用

呢毯式预缩机若预缩效果不理想，可采用第二次预缩；橡胶毯式预缩机的预缩率较大；呢毯和橡胶毯联合预缩的整理效果比较好。

呢毯式或橡胶毯式预缩机的工作原理和流程基本上一致。它们的工作流程可以概述为：进布、给湿、整幅、烘燥（三辊"弯曲变形挤压"）、冷却、卷装整理（圆柱形或折叠形包装）、出布。

不同组织的面料预缩前的给湿量有一定的要求，给湿量的控制直接影响到预缩效果，给湿量一般控制在 10％～20％ 之间，厚密织物为 15％～20％ 左右。这些情况都是服装厂在使用预缩机时应该提前注意的。

（二）汽蒸预缩机

汽蒸预缩机也称预缩定型机。它分两种类型：适宜毛织物的连续型汽蒸预缩机；适宜合成纤维面料物的热定型预缩机，其他面料在汽蒸式预缩机上也可获得某种预缩效果。

汽蒸预缩机工作原理：汽蒸预缩机是根据纤维的热收缩原理来设计的。根据毛纤维的收缩机理，由于毛纤维鳞片的方向性，使得毛纤维在一定温度、湿度、挤压力等条件下会产生缩绒现象，温度过高或挤压力过大，都会造成尺寸上的严重过缩，因此用橡胶毯或呢毯预缩机对毛织物进行预缩是行不通的。毛织物在预缩过程中需要实施所谓"无张力预缩"条件。汽蒸预缩机对毛织物实施的是"低温汽蒸"。毛织物经过低温汽蒸后，其内部各种基团间的作用力会降低使得毛纤维具有一定的可塑性，此时面料会在"无张力的状态下"，"自由地"进行内应力（或残余变形)的释放,也称自由回缩,收缩的面料经过冷却后就会迅速地稳定下来,完成预缩作业。汽蒸预缩机的"汽蒸"方式一样可用于具有热收缩性质的合成纤维,汽蒸预缩机对合成纤维面料实施的是定幅状态下(基本上是无张力)的"高温汽蒸"。

1. 汽蒸预缩机的分类

1) 连续型汽蒸预缩机

基本流程是:给湿、汽蒸、保温热收缩、冷却稳定、出布。要获得"无张力状态下"喂布,送布装置应有变频器无级调速控制。

2) 热风式定型预缩机

基本流程是:蒸汽给湿、定幅(针铗式超喂拉幅)、保温汽蒸(循环恒温热风)、冷却定型、出布。热风式定型预缩机中,定幅是靠超喂和扩幅两个装置来完成,"超喂"是指面料喂入速度大于针铗本身的运行速度形成超量喂布,它可确保纬向的定幅在张力尽可能小的情况下完成;定型是将面料在"无张力"的高温环境中放置一定的时间,然后迅速冷却降温,使面料保持需要的尺寸和形态。在某些热风式定型预缩机中,还设计了振动拍打装置,更有利于残余应变力的释放。

2. 汽蒸预缩机的应用

汽蒸式预缩机工作特点是在不加压和不拉伸面料的状态下进行预缩。需要注意的是:面料在进入汽蒸装置前的给湿操作,给湿一定要均匀,否则会导致预缩后的面料布面不平整。要获得"无张力状态下"喂布,送布装置应有变频器无级调速控制。

三、铺布设备的种类及功能

铺布机又称拉布机或拖布机,是缝制生产中裁剪之前将成卷的面料展开逐层平铺在裁剪台上使用的设备。

(一) 铺布机的作用

铺料机的作用是将面料无张力地一层层以平铺的方式叠放在铺料台上,它满足工艺提出的铺料要求是:

(1) 铺料长度和铺料层数正确;

(2) 面料二端断口边上下层对齐,布边一边上下层对齐,布面平整(无张力);

(3) 满足特殊要求的铺料方式:对条、对格、对花等;

(4) 检疵和排疵;

(5) 完成三种基本的铺料方式和它们的组合形成。

(二) 铺布方式

(1) 同向铺料。每层面料同一方向,常用于主衣片铺料,有花型、条纹面料的铺放;

(2) 往返折叠铺料。铺料效率高,常用于不重要衣片铺放,如袋布;

(3) 对向铺料。能用一张纸样裁得毛羽方向一致性左右对称的两张衣片,常用于立绒、天鹅绒等有方向性的面料。

应该指出:有对向单程铺料功能的铺料机,其面料装置结构较为复杂,在返回过程中,需要180°旋转料架,价格较高。

(三) 铺布机种类

铺布机根据其运行所用的动力及控制方式,可分为手动铺布机、半自动铺料机和自动铺布机三种类型。手动铺布机结构简单、造价便宜,在早期的服装企业,尤其是中小型企业应用较多。手动铺布机的缺点是用人多,效率低,拉布过程中经常会出现拉布张力不匀、对边不齐、布面不平整、铺层长度不精确等质量问题,造成面料浪费较多。

自动铺布机是目前国内外广泛应用的新型铺布设备(图 2-9)。它采用电脑控制,可根据衣片排料长度和计划裁剪数量,通过人机对话方式进行各种功能设定,自动完成铺布机的驱动、松布、送布、对边、断料等各项操作。同时它还能自动记录铺层长度,显示铺层数、故障报警和故障原因等。当拉布数量(长度)达到预定要求时,机器会自动停止作业。

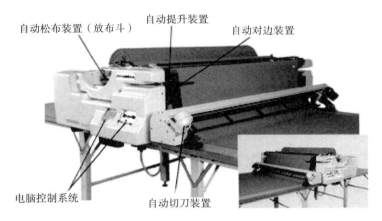

自动松布装置(放布斗)　自动提升装置　自动对边装置

电脑控制系统　自动切刀装置

图 2-9　自动铺布机

(四) 铺布机的主要技术性能

铺布机的技术性能是由机械结构和功能所决定的。传统的铺布机多用于拉、铺各种非弹性、无伸长的面料,如棉、毛、麻、丝、化纤等机织物或非织造布等。而新型的自动铺布机既能满足非弹性面料要求,又能适应各种弹性面料和特种面料的拉布要求,如目前服装企业广泛应用的川上、欧西玛、伊士曼等品牌的自动铺布机。即使遇到面料卷装形式不同或对拉布方式有特殊要求时,一般也不需做很多调整,操作比较方便快捷。有些铺布机为了适应多种颜色条格面料的拉布要求,还专门装置了面料颜色传感器。也有些铺布机为了提高断料速度,专门安装了高效断料装置。这些改进措施又使自动铺布机的性能和功能得到进一步的完善和提升。

服装企业在选购或更新拉布和裁剪设备时,除了可参考设备供应商所提供的机器样本和相关技术资料外,还需进一步了解这些设备在结构和功能上做了哪些改进,从中选择适合本企业生产要求的拉布和裁剪设备。目前国内市场供应的铺布机品牌很多,各有特色。表 2-1 概括了几种常见自动铺布机的主要技术特征,可供服装企业选购时参考。

表 2 - 1　几种品牌自动铺布机的主要技术特征一览表

品牌	川上	川上	和鹰	欧西玛	欧西玛	伊士曼	伊士曼	PGM	NCA
机型	NK300G XN(TB)	NK370 CS	SM-1	K9-190	K9-210	NA800	NA600	SALE-E X NEW	XL-59
拉布宽度 (cm)	160~350	160~235	160~240	190	210	165~225	160~225	160~210	160~220
布卷最大直径(cm)	Φ50~Φ80	Φ35	Φ50	Φ45	Φ45	Φ50	Φ50	Φ40	Φ35
布卷最大重量(kg)	60~150	40	100	40	40	120	60	50	40
最大铺布高度(cm)	18~26	18	25	15~23	15~23	20	23	18	10~18
最大拉布速度 (m/min)	80	75	90	90	90	97	97	90	70
拉布方式	单向拉布 折叠拉布 面对面组合拉布	单向拉布	单向拉布、折叠拉布	单向拉布、双向面对面拉布	单向拉布、双向面对面拉布	单向拉布、双向面对面拉布	单向拉布、双向面对面拉布	单向拉布 折叠拉布	单向拉布 折叠拉布
输入电源	220V/1.5 ~3KW	220V/ 2KW	220V/ 2KW	220V/ 1KW	220V/ 1KW	220V/ 1KW	220V/ 2KW	220V/ 2KW	220V/ 1KW

（五）选用铺布机的基本要求

目前市场上可供选购的自动铺布机的品牌很多,服装企业该如何选择呢? 一般在深入市场调研的基础上,需注意把握以下基本要求:

（1）服装企业拟添置或更新铺布机设备时,应和本企业正在应用或准备应用的自动裁剪设备结合起来通盘考虑,以确保选购的自动铺布机和选用的自动裁剪系统能够正常链接、配套使用;

（2）如果企业的生产品种和使用的面料比较单一,则铺布机的选择相对比较容易;若企业的规模很大,使用的面料种类较多,则应根据实际生产需要,通过对不同机型的性能和特点的分析比较,从中选出符合本企业生产需要的、性价比相对较高的自动铺布机;

（3）无论选择哪种品牌的自动铺布机,都应当考虑生产操作和管理是否方便。例如同为自动铺布机,但在拉布长度的设置上,有些机型是通过液晶触摸屏触摸设定的,也有的机型是通过人工测量确定的。后者每变换一次排料长度就要重新定位一次,相对比较麻烦;

（4）选购的自动铺布机应当易于维修和保养,尤其需要考虑当遇到重大设备故障时,供应商能否及时响应,零配件的供应是否有保障、价格是否合理等;

（5）选购的自动铺布机应当符合国家有关节能、降耗以及减碳、环保等要求。

第三节　服装裁剪设备

服装设计之后,便开始组织投产。服装生产过程包括面、里、辅料的预缩、裁剪、粘合、缝纫、整烫和包装几大工序。其中面、里、辅料的裁剪是根据服装设计人员对服装款式的总体设计,把服装各部位展开成平面几何图形,经过合理排料,用各种裁剪设备对面、里、辅科进行裁剪,为服装的缝制提供衣片。由于各衣片的尺寸精度直接关系到整件服装的质量和性能,所以裁剪后的面、里、辅料的几何形状、尺寸精度、经纬方向、对格是否符合设计要求,将直接影响缝制的进行和成衣的质量。

为了保证裁片的质量,裁剪前应对面、里、辅料进行预缩。通过预缩可以使缝制成的服装洗涤不变形,保持稳定的外形和尺寸。因此,预缩是确保服装质量的重要措施。我国服装的面、里料在纺织厂生产过程中大部分都不进行定型预缩处理。因此,服装厂在裁剪前必须进行预缩处理。

预缩后的面、里料在自动拉布机上进行自动多层折叠,然后根据样板,按照预先设计好的排料图进行排料。采用 CAD 系统进行放样排料是当前国际上最先进的方法。对已裁剪好的片料要按裁片类别进行编号和分色,编号和分色可以保证各种规格、品种的服装不致混淆。对需要粘合的面、里、辅料在粘合机上进行粘合,然后提供给缝制车间进行缝制。

一、裁剪设备的种类及特点

裁剪设备的种类很多,从表 2－2 中可以看出裁剪机的类别。

表 2－2　裁剪机的分类

类别	名称	细分设备名称
自动裁剪机	非接触式裁剪机 刀具式裁剪机 直刀式裁剪机	超声波裁剪机、水力裁剪机、激光裁剪机 坐标式裁剪机、悬臂式裁剪机 普通直刀式、自动刃磨直刀式,摇臂自动刃磨直刀式
普通裁剪机	圆刀式裁剪机 带刀式裁剪机	微型圆刀裁剪机,一般圆刀裁剪机 普通台面带刀式裁剪机,气垫太没带刀式裁剪机
冲裁机	断料机 开机 切领缘机	龙门式断料机,摇臂式断料机 滚剪机

裁剪设备必须具备以下三个基本条件:

(1) 裁剪设备的刀具要具有一定的几何形状和材质性能,其中刀刃锋利和刀刃宽度就是几何形状中的重要条件,硬度是材质中重要因素;

(2) 面料和裁刀之间必须有一个是固定的(相对固定和绝对固定);

（3）面料和裁刀之间存在着两种运动：使刀具对面料进行裁剪的切割运动；保证裁剪能连续进行的进给运动。

（一）普通裁剪机

根据裁剪机刀片型式的不同可分为下列几种：

1. 直刀式裁剪机

如图 2-10 所示，其刀片为直线形，切割时刀片除按进刀方向运动外，刀片还沿刀刃方向作上下往复运动。直刀式裁剪机主要用来裁剪服装的大片。此种裁剪机有的安装在摇臂上称摇臂式裁剪机。

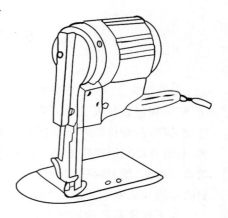

图 2-10　直刀式裁剪机

1）直刀式裁剪机的主要技术参数

其主要规格：最大裁剪厚度为 30mm、100mm、150mm 和 200mm，直刀式裁剪机主要技术参数见表 2-3、2-4。

表 2-3　直刀式裁剪机主要技术参数一

技术参数 ＼ 型 号	CB-3	Z12	Z12-1	Z12-2
最大裁剪厚度（mm）	30	100	150	200
功率（W）	40	350	350	350
电压（V）	380	380	380	380
刀片往复（次/min）	2800	2800	2800	2800

表 2-4　直刀式裁剪机主要技术参数二

技术参数 ＼ 型 号	Z12-D	DJ1-3	DJ1-4	DJ1-4D
最大裁剪厚度（mm）	100	100	70～160	70～160
功率（W）	250	370	650	370
电压（V）	220	66	66	220
刀片往复（次/min）	2800	2800	2800	2800

2）直刀式裁剪机的基本结构与特点

目前，国内外生产的直刀式裁剪机品种繁多，但基本结构都大同小异，一般均由电动机出轴直接驱动偏心轮，通过连杆、滑块带动刀片作上下往复直线运动，从而形成对裁料的切割。图 2-11 为 Z12 型裁剪机的结构图。当转速为 2800r/min 的电动机驱动偏心轮作旋转运动时，偏心轮上钩销轴（偏心距为 16mm）带动连杆作复杂平面运动，连杆带动滑块作上下往复直线运动，使固定在滑块上的刀片作相对滑动。

根据直刀式裁剪机的结构，其具有以下作业特点：

（1）直刀式裁剪机操作方便，结构简单，便于携带；

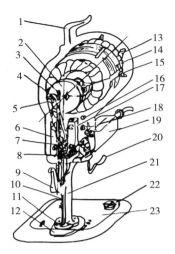

图 2-11　直刀式裁剪机结构图

1—拎祥　2—偏心轮　3—压脚杆　4—连杆　5—偏心轮销　6—溜板销　7—溜板　8—制动轮

9—压脚　10—刀片　11—刀板　12—刀架座　13—风叶　14—电动机　15—平衡块　16—加油螺钉

17—铜槽　18—调整螺栓　19—手柄　20—抬压脚　21—刀架　22—滚轮　23—底板

（2）能对多层面料（铺料厚度一般在 100mm 以上）进行裁剪,效率高;在裁剪要求不高的情况下,它能完成或基本完成所有衣片的裁剪;

（3）裁剪衣片的精度不高,尤其是铺料层数少（10 层以下）非常不理想。主要原因是:裁剪的基本条件中面料固定不理想,当衣片裁剪即将结束时,固定条件变得很差。其他的原因是裁刀的宽度一般为 20mm 左右,对曲线弧度的衣片（领、袖窿等）,裁刀拐弯时不能一次完成,弧度圆顺性差,裁剪厚度较大时,不尽人意;同时,裁刀上下运动的粘带,底盘插入时的下层面料的起伏,裁刀磨损的不均匀等多种因素也使裁剪精度下降。

3）直刀式裁剪机的应用

（1）直刀式裁剪机是面大量广的裁剪设备,一般服装均可采用;

（2）注意裁剪转速与面料的匹配。一般转速有:1500r/min,1800r/min,2800r/min,3600r/min;

（3）衣片切口的质量,主要取决于刀刃的形状、锋利度、刀片材质、裁剪的速度和操作技艺;

（4）选用摇臂式自动刃磨直刀式裁剪机时,要注意裁床和裁剪机的配套,裁床导轨的接缝不良和行走机构的轮子配合不佳,常会导致裁剪机不能正常运行。

2. 圆刀式裁剪机

如图 2-12 所示,其刀片为圆盘形铡刀,除沿进刀方向运动外,刀片同时自身旋转。主要用来裁剪薄层衣片,适用于小批量服装样衣的裁剪。

1）圆刀裁剪机的主要技术参数

圆刀裁剪机主要是手握式的微型电刀。圆刀裁剪机的主要技术参数:刀片转速为 2500r/min;最大裁剪厚度为 8mm;圆刀直径为 80mm;功率为 45W;电压为 220V。

2）圆刀裁剪机的基本结构与特点

其外形见图 2 - 12,圆刀裁剪机是一种手持式微型电刀。该电刀由电动机通过蜗杆、蜗轮将动力传给圆盘刀片,使圆盘刀片作单向旋转切割运动。其运转稳定且没有震动。圆刀裁剪机与直刀式裁剪机相比较具有以下特点:

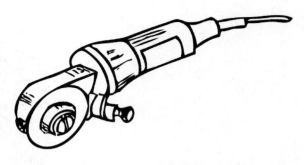

图 2 - 12　圆刀裁剪机

（1）圆刀式裁剪机操作方便,便于携带;

（2）裁剪时,刀片向下作单向切割运动且不需要压脚;

（3）刀片的宽度（H）随铺料层的高度（S）变化而变化,如果圆刀的半径为 R,则刀片宽度 $H = 2\sqrt{R^2 - (R-S)^2}$,当少层面料裁剪时,刀片的宽度可视为点接触,此时,可以象剪刀一样灵活地进行单件或少层的面料裁剪,切口光洁,美观;当多层面料裁剪时,刀片的宽度增加,刀片的拐弯难度大;

（4）刀片磨损均匀,运动平衡,振动小,衣片精度较直刀式裁剪机有提高;

（5）各面料层存在裁剪滞后性（时间差）。上层面料裁割完毕时,底层面料还有一段尚未裁剪,给裁剪精度带来影响。

3）圆刀式裁剪机的应用

（1）主要用于单件或少层（5 层以下）面料的裁剪,取代剪刀,在样衣间从事样衣和纸样的裁剪工作;

（2）对于有一定高度的面料层,圆刀式裁剪机的直线切割性能较好,不容易跑偏走歪。

3. 带刀式裁剪机

如图 2 - 13 所示,其刀片为封闭的钢带,刀片除了按进刀方向运动外,还沿刀刃方向作单向连续运动。它主要用来裁剪零部件。

1）带刀式裁剪机的主要技术参数

带刀式裁剪机有两种机型,主要技术参数见表 2 - 5。

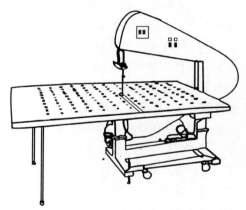

图 2 - 13　带刀式裁剪机

表 2 - 5　带刀式裁剪机主要技术参数

技术参数　　　　　型　号	DZ-3 型	DZ-3A 型
最大裁剪厚度（mm）	250	250
钢带刀裁剪速度（m/min）	570、700	665、850
钢带刀左边跨度（mm）	820	1200
工作台板规格（mm）	1200×2300	1200×2960

2)带刀式裁剪机的基本结构与特点

带刀式裁剪机是由电动机驱动钢带传动轮,使环绕在三个钢带传动轮上的钢带刀作单向的循环回转运动。由于钢带在台面以上的位置始终是向下运动,切割时衣料一直被下压,所以不需要压脚。由于没有刀架,因此,刀片的实际宽度就大大缩小,带刀仅宽 13mm,这样裁剪时更易于转弯。同时,直刀式裁剪机由于底板与整机是一起运动,因此无法裁小料,而带刀式裁剪机由于没有底板,裁料是在台板面上运动,所以适合裁剪小料,而且裁剪后裁料断面的垂直度好、裁面尺寸一致。综上可知,带刀式裁剪机与直刀式裁剪机相比具有以下特点:

(1)由于钢带刀始终向下作切割运动,因此无需压脚;

(2)没有刀架,减小了刀片实际宽度,因而裁剪时更易于转小弯;

(3)裁剪时,裁料沿台面向带刀推进,台面不动,适合于裁剪小料如衣领、口袋、门襟等;

(4)裁剪时,钢带刀由传动轮支撑,位置相对固定,所以裁料的垂直度好,上下层一致。配备自动磨刀装置,一面切割一面磨刀,使刀刃始终保持锋利;

(5)配备紧急制动装置,可迅速制动,避免事故;

(6)鉴于以上特点,带刀式裁剪机除了适合一般裁剪外,更适合裁剪各种复杂形状的小料。图 2-14 为带刀裁剪机的结构图。

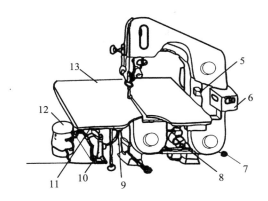

图 2-14　带刀式裁剪机的结构

1、4—手轮　2—带刀　3—导向器　5—开关　6—刃模机构箱　7—踏板
8—主电机　9—转换开关 10—风机　11—电机　12—小桶　13—工作台

3)带刀式裁剪机的应用

(1)在一般服装厂,带刀式裁剪机作为精加工,一般 1~2 台。而在以小片、弧线较多的衣片厂,则以其为主要裁剪工具;

(2)带刀式裁剪机最好与铺料机、直刀式裁剪机等组成裁剪流水线,以更大地发挥其作用;

(3)带刀式裁剪机最好与铺料台较近,以减少搬运中可能出现的问题;

(4)购置带刀式裁剪机时要考虑带刀的更换问题;

(5)带刀式裁剪机的工作台面分普通式和气垫式两种,多层的大型衣片在气垫式工作台面上推动十分轻便,大大提高了衣片的精度和加工效率,特别在面料质地十分光洁,铺料层之间摩擦小的情况下,效果更显著。

（二）自动裁剪机

自动裁剪机,简称服装 CAM,它的外形如图 2-15 所示。

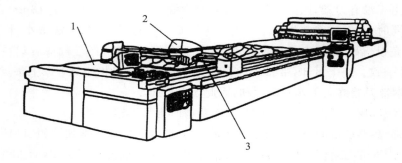

图 2-15　自动裁剪机外形
1—鬃毛垫裁床　2—坐标式裁刀　3—裁剪衣片

1. 自动裁剪机的基本结构

电脑控制的坐标式裁刀沿 X 方向(横向)和 Y 方向(纵向)完成裁刀的进给运动,用塑料薄膜包裹的面料,抽真空刚化铺料层后,会牢牢地吸附于裁床上。由于裁刀的运动由电脑控制,裁刀宽度较小,带自动刃磨装置,面料吸附稳定,所以裁剪基本条件得到了极好的满足。

2. 自动裁剪机的特点与应用

(1)自动裁剪机采用了鬃毛式的工作台面,上下运动的裁刀切透过面料层后,在台面鬃毛层中移动,鬃毛有足够的刚性和弹性恢复性,不会损伤裁刀,它具有支撑 50～100mm 厚的铺料层的强度,是专利产品;

(2)自动裁剪机应和自动铺料机联用,铺好的面料经气垫式铺料台拨移至鬃毛垫裁床上;

(3)自动裁剪机要和服装 CAD 联机,服装 CAD 中的排料图形直接输入自动裁剪机;

(4)自动裁剪机的最大特点是,衣片精度高,切口齐整和效率高。

（三）冲裁机

冲裁机又称下料机或冲裁式裁剪机。它的外形见图 2-16。

1. 冲裁机的基本结构

冲裁机属于压力裁剪,有二种形式:机械式冲裁机为冲击压力(摇臂式)、液压冲裁机为静压力(龙门式)。

冲裁机的裁刀是用合金工具钢或硬质合金制成的成形刀具,其刃口形状和衣片的外形尺寸一致(加缝份后的尺寸),磨出刃口。裁剪时,把多层面料叠放在工作台上且固定不动,裁刀如同"冲模",放置在面料层的顶部,冲裁机的冲头下行时和裁刀接触,将裁刀压入布料层中,裁刀的冲压为裁剪的进给运动,裁刀的刀刃形状为裁割运动。

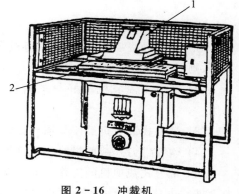

图 2-16　冲裁机
1—冲裁头　2—砧板

2. 冲裁机的特点与应用

（1）冲裁的衣片质量好，切口光洁整齐，精度高，压力足以使裁刀压切铺料层达 40mm 厚的衣片。

（2）对于每一个需要冲裁的衣片，必须有一个相对应尺寸的裁刀。所以，它只能应用于大批量生产中的精确衣片，如衬衫厂中冲裁领衬和领片，制鞋厂中则用于鞋垫、鞋底等部件。

（3）冲裁机的工作台面起到"砧板"的作用。冲裁刀会使工作台面产生刀痕，所以工作台面用蜡制成，随时可用熨斗修复烫平。

（4）冲裁机是成形刀具，制作成本高，刃磨难度大，应用时必须考虑到这一重要因素。

二、裁剪设备的流水线配置

裁剪流水线由布卷输送器、辅料机、铺料机和裁床、衣片整理（编号修片、定位、捆扎等）四大部分组成。根据工艺的配置和选用设备的不同，裁剪流水线分为自动裁剪机（CAM）流水线、摇臂式裁剪机流水线和直刀式裁剪机流水线。

（一）自动裁剪机（CAM）流水线

自动裁剪机流水线的排列如图 2-17 所示，它是 21 世纪初先进的裁剪设备组合。它由铺料台 A，全自动裁剪机 B（CAM）和衣片编码、分组工作台 C 组成。为了提高自动裁剪机的效率，往往多台铺料机才能平衡一台自动裁剪机的作业效率。图 2-17 中下图，左右两台铺料机供给中间自动裁剪机的面料。

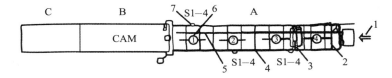

A—铺料台　B—全自动裁剪机　C—衣片分码、分组工作台

1—面料　2—上布装置　3—铺料机机头装置　4—通电导条和急停装置

5—行车导轨　6—压缩空气和吹吸风电机　7—吹、吸风开关

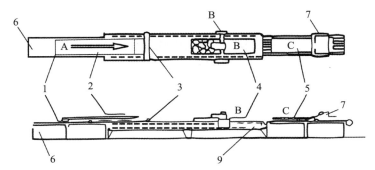

1—牛皮纸垫　2—面料层 A 拖送裁割位置　3—面料层拖引装置　4—面料层 B 正在裁割

5—面料层 C 正在铺料作业　6—铺料机 1　7—铺料机 2　8—自动裁剪机刀架　9—拖布主动轮

图 2-17　自动裁剪机和自动铺料的作业配置

自动裁剪机流水线在应用时要注意以下几点：

（1）在自动裁剪机流水线上，所有的工作台面必须是气垫式，否则面料层无法整体移动；

（2）要选用自动铺料机和全自动上料装置，才能发挥效率；

（3）和吊挂式传输系统配置（MOVER），组成现代化服装生产的柔性加工系统。

（二）摇臂式裁剪机流水线

摇臂式裁剪机流水线如图 2-18 所示。一般有一定规模的服装厂普遍采用这种裁剪方式。它由上料架、铺料机、摇臂式裁剪机、带刀式裁剪机组成。

面料移动依靠气垫式工作台，摇臂式裁剪机的工作性能同直刀式裁剪机一样，由于添加摇臂，使其操作更省力和方便。带刀式裁剪机主要完成精确衣片，小片和曲弧线多的衣片加工。

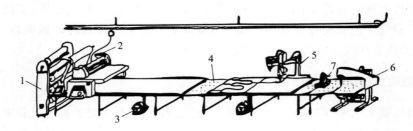

图 2-18　摇臂式裁剪机流水线

1—全自动上料架　2—电脑铺料机　3—送风机　4—气垫式裁床

5—摇臂式自动裁剪机　6—带刀式裁剪机　7—号码机

（三）直刀式裁剪机流水线

直刀式裁剪机流水线本质是工艺流水作业，铺料台就是裁剪工作台和衣片分组编码工作台。先用简易铺料机铺料（或人工拖布，断料），再由直刀式裁剪机进行裁剪，特别重要的衣片送至带刀式裁剪机上修片精加工，裁剪完的衣片直接在铺料台上进行编号，分组和捆绑成包。

直刀式裁剪机流水线是一般小型服装加工厂普遍采用的裁剪形式。

第四节　服装粘合设备

粘合是把附有粘性树脂（如聚乙烯、聚酰胺、聚氯乙烯等）的织物或非织物，通过控制温度、时间（或速度）和压力使之与面料发生粘合的一种工艺。

粘合工艺在各类服装上已大量使用，通过该工艺可使服装外观挺括、造型优美，通过粘合处理的服装耐干洗、湿洗，水洗后平整、不起皱、不变形。因此，粘合工艺是提高服装产品质量、美化款式最有效的途径。

很多国家如美国、日本、西欧各国应用粘合工艺较早。德国坎尼吉塞公司从 1954 年就开始了衬衣熔融粘合技术的研究。我国的粘合工艺发展较迟，但近几十年来发展较快，国内大多数的服装厂都已采用这一工艺。粘合机是为适应粘合工艺而发展起来的一种专用设备。

一、粘合设备的分类和标识

对于粘合设备国内的叫法很不统一,如压胶机、压烫机、热熔融机、热粘合机等。粘合机的种类和机型也很多,特别是进口设备,国外各公司各厂家都有自己的型号。而目前国内生产或仿制的粘合机型号、规格也很不统一。

(一) 粘合机的分类

一般情况下粘合机可从结构、功能和工作方式上来分类。

(1) 按加压方式分:有板式(面加压形式)和辊式(线加压形式)两类。

(2) 按工作流程分:有连续式、间歇式(步进式、回转式、抽拉式)。

(3) 按压力源分:有机械式、液压式、气动式。

(4) 按冷却方式分:有自然冷却式、风冷式、水冷式(循环水、循环冷冻水)等。

(5) 按外形结构分:有卧式、立式、台式等。

(6) 按调带方式分:有自动、强制、手动(只限于辊式粘合机)。

(7) 按氟带传送分:有链传动、摩擦传动(只限于辊式粘合机)。

(8) 按剥离装置分:有括拔式、麻花式(只限于辊式粘合机)。

(9) 按热源分:有电蒸汽、远红外、微波、高频。

在本章中主要按压力方式来进行分类。

(二) 粘合机的标识

根据上述,为便于区分粘合机的型号、规格、性能等,国产粘合机的代号分三部分。

为了与其他服装机械区别,粘合机代号的前两个字母"NH"是"粘合"的汉语拼音第一个大写字母。而加压方式分为"板式"和"辊式",以"板"和"辊"的汉语拼音第一个大写字母表示,为"B"和"G"。同时,在字母的右侧用阿拉伯数字表示其规格。板式以加热板面积表示,辊式以聚四乙烯传送带宽度表示,长度单位一律为毫米(mm)。如 B1000×600 表示板式加压粘合机,加热板长 1000mm、宽 600mm;又如 G1000 则表示辊筒加压粘合机,传送带宽度为1000mm。冷却方式的表示,如抽风冷却式用"风"字的汉语拼音第一个大写字母表示为"F";如是水冷(包括氟里昂或其他冷却剂)则用水字的汉语拼音第一个大写字母表示为"S";如果冷却方式为自然冷却,则省略大写。实例如图 2-19 所示:

图 2-19　粘合机的标识

二、粘合的主要工艺参数

温度、压力、时间是粘合主要的工艺参数。工艺参数的选取主要取决于衬布上热熔胶的种类和性能。各参数与加工后成品的剥离强度有密切关系,分析各参数对剥离强度的影响,有助于各参数的正确选取。

(一)粘合温度

1. 粘合温度 T_c

指粘合机加热温度调节器的温度,不代表粘合的实际温度。

2. 熔压面温度 T_b

指面料与衬布之间的温度,它代表实际粘合温度。熔压面温度 T_b 一般低于粘合温度,两者之差 ΔT 随粘合机的不同而不同。如平板粘合机的温差一般在 24～28℃。连续式粘合机的熔压面温度 T_b 和辐射源与织物的垂直距离有关,应在粘合前预先测定 ΔT 值。

3. 胶粘温度 T_a

这是使热熔胶获得最佳粘合效果的温度范围。衬布的胶粘温度只取决于热熔胶的熔点范围和熔融粘度,常用热熔胶的胶粘温度范围如表 2－6 所示。

表 2－6　常用热熔胶的胶粘温度范围

热熔胶种类	熔点范围(℃)	胶粘温度(℃)
高压聚乙烯	100～120	130～160
低压聚乙烯	125～132	150～170
聚醋酸乙烯	80～95	120～150
乙烯-醋酸乙烯共聚物	75～90	80～100
皂化乙烯-醋酸乙烯共聚物	100～120	100～120
外衣衬用聚酰胺	90～135	130～160
裘皮、皮革用聚酰胺	75～90	80～95
聚酯	115～125	140～160

由胶粘温度可以算出粘合温度:

$$T_c = T_a + \Delta T$$

4. 粘合温度与剥离强度的关系(如图 2－20 所示)

在粘合开始时,由于熔压面温度低于热熔胶的熔点而不发生粘合。当温度达到热熔胶的熔点 T_m 后发生粘合。随着温度的提高,剥离强度迅速提高。当温度达到胶粘温度 T_a 后,剥离强度达到最高值。在胶粘温度范围内,剥离强度不变。当温度超过胶粘温度,一部分热熔胶渗出布面,剥离强度降低。

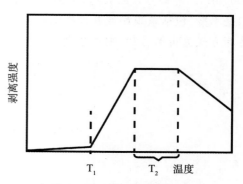

图 2－20　粘合温度与剥离强度之间的关系

因此,粘合时熔压面温度应控制在胶粘温度范围内,以达到最佳的粘合效果。

(二) 粘合压力

1. 粘合压力的作用

(1) 使衬布与面料紧贴,便于传热;

(2) 给予热熔胶以切向压力,降低热熔胶的熔融粘度,促进热熔胶的流动与渗透;

(3) 减小热熔胶与面料之间的间隙,便于热熔胶嵌入织物内部,提高粘合强度。

2. 粘合压力的确定

粘合压力的大小取决于热熔胶的热流动性。压力太小影响剥离强,过大造成渗料现象,影响面科的手感,甚至造成织物表面极光。

粘合衬布的粘合压力范围为:

(1) 衬衫用粘合衬(PE 胶):200~300kPa;

(2) 外衣用粘合衬(PA、PET 胶):30~50kPa;

(3) 裘皮用粘合衬(PA、EVA 胶):20~30kPa。

(三) 粘合时间

粘合过程所需的时间为升温时间 T_1、粘着时间 T_2 和固着时间 T_3。由于固着是在去除压力后进行的,所以通常将粘合时间看作 T_1 和 T_2 的和:$T=T_1+T_2$。

升温时间与织物的厚度和导热性、热熔胶的熔点有关,也与粘合机的传热方式有关,通常需要 5~10s。粘着时间 T_2 取决于热熔胶的浸润时间和扩散速率,一般粘着时间约 6~12s。

各种粘合材料的粘合时间 T 为:

(1) 衬衫粘合衬(PE 胶):15~25s;

(2) 外衣粘合衬(PA、PET 胶):12~20s;

(3) 裘皮粘合衬(PA、EVA 胶):10~15s。

三、粘合设备的功能

(一) 板式粘合机

板式粘合机主要有三种形式:推拉式板式粘合机、回转式板式粘合机及步进式板式辊合机。

1. 推拉式板式粘合机

有两个工作台面轮流替换工作。结构简单,价格低,没有冷却系统,没有单独的加热位置,容易造成"指痕"粘合疵点,适宜于中小衣片的粘合。其样式见图 2-21。

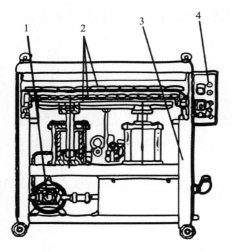
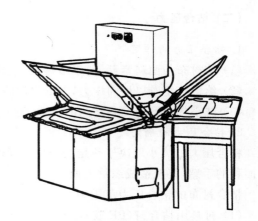

图 2 – 21　推拉式板式粘合机　　　　图 2 – 22　回转式板式粘合机

1—液压泵　2—工作台　3—机架　4—电气箱

2. 回转式板式粘合机

有三个工作位置的回转式粘合机,其中有一个位置是冷却工位。对于有四个工作位置的回转式板式粘合机,把加热和加压过程分开,四个工作位置中有一个是加热工位,一个是加压工位。不存在"指痕"粘合疵点,按设定节拍自动回转,劳动强度轻,粘合质量更有保证,但占地面积大,价格十倍于推板式板粘机。其样式见图 2 – 22。

3. 步进式板式辊合机

结合板式和辊式粘合机的优点,既有板式充分加压的优点,又有辊式粘合机的优点,工作效率较高,粘合质量好,是粘合衬衫、中小衣片的理想机种。其样式见图 2 – 23。

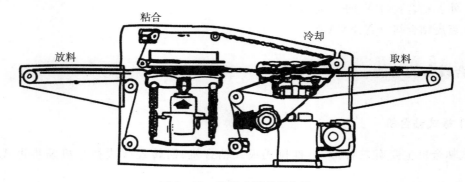

图 2 – 23　步进式板式锟合机

(二)辊式粘合机

常用的辊式粘合机(简称辊粘机)有三种形式:卧式、立式和台式。

1. 卧式辊粘合机

卧式辊粘机适合大规模衣片粘合加工,需要两个操作工一前一后操作,工作环境比较理想。其样式见图 2 – 24。

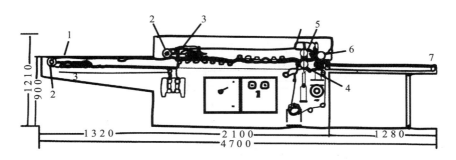

图 2-24 卧式压辊式粘合机

1—堆料台 2—张紧辊 3—控制辊 4—清洁杆 5—加压辊 6—剥离装置 7—冷却台

2. 立式辊粘合机

立式辊粘合机的特点是:有一段弧形通道,粘合衣片可有"里外匀"的效果;加热通道缩短,发热元件减少,占地面积减少;可以一个人操作,但热溶粘合剂受热发挥的刺激性气体会影响到操作者。其样式见图 2-25。

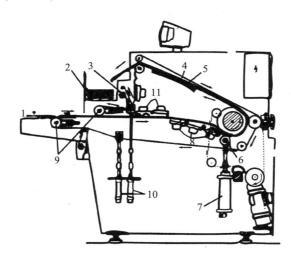

图 2-25 立式压辊式粘合机

1—堆料台 2—接料台 3—清洁装置 4—传送带 5—冷却板
6—加压辊 7—气缸 8—调节气缸 9—张紧辊 10—主加热器 11—预加热器

3. 台式辊粘合机

台式辊粘合机主要为小型服装企业而设计,具有低成本、低能耗、小型化特点。从适应性考虑,一般都带有不少附加装置,例如给布装置、接料装置、升降叠料装置等,用户可根据自己需要予以选购。台式辊粘机是一种普及型粘合机型,自动化控制性能上有所不足。其样式见图 2-26。

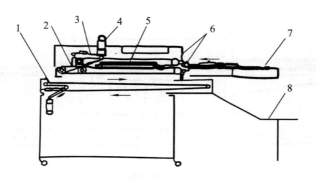

图 2 - 26　台式压辊式粘合机

1—回程传送带　2—热压传送带　3—传动杆　4—电动机
5—电热板　6—张紧装置　7—送料台　8—接料台

（三）板式粘合机和辊式粘合机的特点

根据粘合机理，从加热、加压、冷却三个方面分析两类粘合机的情况见表 2 - 7。

表 2 - 7　板式和辊式粘合机粘合要素分析

粘合要素		板式粘合机	辊式粘合机
加热	执行方式	加压加热同时进行，不符合粘合设计的顺序	先加热，后加压，符合工艺设计的顺序
	特点	热熔粘合胶渗透和浸润的阻力增大	热熔粘合胶渗透和浸润的阻力小
加压	执行方式	"面"加压——衣片和衬料上各点同时受压受热；静态加热，作业不连续（间断）	"线"加压——利用"线移动成面"的几何原理完成衣片和衬料上各点的加压作业；动态加压，作业是连续的
	特点	加压（加热）作业面尺寸受到限制，即粘合衣片的尺寸大小受限制。加压时间可以延长，牺牲效率后换取热熔胶有足够时间的渗透和浸润	加压一片的宽度尺寸受到限制，长度尺寸没有限制；受"线加压"的影响加压时间很短，热熔胶渗透和浸润不够充分；可以对弯曲造型的衣片（如领片、挂面等）进行里外匀处理
冷却	执行方式	消极式空位冷却	积极式空位冷却
	特点	—	—

第三章　服装缝纫及熨烫设备

服装生产设备涵盖了整个服装生产过程,主要有生产前期的相关准备设备,比如验布机、预缩机等;生产中期有裁剪设备、粘合设备、缝纫设备、熨烫设备以及在缝制过程中的传输设备等,其中缝制设备和熨烫设备品种最多,这是由于不同品种服装的生产要求需要有相应配套的缝纫和熨烫设备所决定的。

从 18 世纪末期英国人 Thomas Saint 发明第一台单线链式缝纫机至今,缝纫设备经历了从手动到电动、家用到工业用、单一到多样化的历史进程。当今缝纫设备的产品结构向着高速化、系列化方向发展,电子、电脑技术也在缝纫机上得到广泛的应用。与此同时,随着服装行业自动化与半自动化的发展,熨烫设备也有了很大的更新,例如日本研制的专业化熨烫分缝机械,采用微小的熨斗,在熨斗前方利用小型管道吹风的方式将合缝的两个衣片缝份分开,并随后烫平,从而实现了分缝熨烫的自动化。到目前为止,服装熨烫工艺已经取得了一定的进展,新的熨烫设备仍在朝这个方向发展,随着电子技术的进一步发展与应用,微程序控制将会得到更广泛的应用。同时,适应当代高效率、优质量、小批量生产的需要,新的高效率、组合式熨烫设备也越来越受到人们的青睐。

第一节　服装缝纫设备的概述

绝大多数缝纫设备是用一根或多根缝纫线,在缝料上形成一种或多种线迹,使一层或多层缝料交织或缝合起来的机器。现在用超声波或高频等手段熔粘衣片的缝纫设备已经问世,但有局限性,仅应用在涂层面料,如雨衣等服装的加工中。

缝纫设备能缝制棉、麻、丝、毛、人造纤维等织物和皮革、塑料、纸张等制品,缝出的线迹整齐美观、平整牢固,缝纫速度快、使用简便。

要熟悉和掌握一台缝纫设备的基本性能,必须要了解其分类、型号、缝针、缝迹四个方面。

一、缝纫设备的分类

缝制设备的种类较多(4000 种以上),大体上可粗分为三类,即家用(J)、工业用(G)及服务行业用(F)缝纫机。在批量服装加工中,工业用缝纫设备所占比例最大。以下介绍的是工业用缝纫设备的详细分类。

（一）按使用对象分

工业用缝纫设备可粗分为通用、专用、装饰用及特种缝纫设备四类。

1. 通用缝纫设备

是生产中使用频率高、适用范围广的缝纫机械，如平缝机、包缝机、链缝机、绷缝机等。

2. 专用缝纫设备

是用来完成某种专门缝制工艺的缝纫机械，如套结机，钉扣机、锁眼机等。

3. 装饰用缝纫设备

是用以缝出各种漂亮的装饰线迹及缝口的缝纫机械，如绣花机、曲折缝机、月牙机等。

4. 特种缝纫设备

是能按设定的工艺程序，自动完成一个作业循环的缝纫机械，如自动开袋机、自动缝小片机等。

（二）按机头机体形状分

缝纫机的机头机体形状是指机体支撑缝料部位的形状。

1. 平板式机头

平板式机头是最常用的机头形式，分为短臂形和长臂形两种。它的主要特点是工作位置（即送布牙位置）与台板处于同一平面，支撑缝料部位的形状为平板形。此机头适用于各类服装的车缝。平缝机、链缝机多采用此种机头。

2. 平台式机头

支撑缝料的机体部位形状为平台形，将其安装在缝纫机整机上时，工作位置高出台板平面。这种机头便于穿换下线，也便于大片裁片的高速车缝操作，多见于包缝机等机种。

3. 悬筒式机头（或称悬臂式机头）

悬筒式机头的特点是工作位置成筒形，高出台板之上，如同手臂从机体的一边悬空伸出。这种机头便于车缝圆筒形制品。

4. 肘形筒式机头

缝纫机支撑缝料部位的形状为弯折状，如同弯着的手臂从机体的一边悬空伸出。可用来车缝筒形卷接部位，如：衬衣袖子及侧缝的卷接，裤筒侧缝卷接等，多见于双针、三针绷缝机及暗缝机。

5. 立柱式机头（或称高台机头）

立柱式机头的工作位置不仅高出台板，且呈立柱状。多用于制鞋、制帽用缝纫机，便于车缝凹凸部位。服装的缝垫肩机即采用此类机头。

6. 箱体式机头

机头似块状的箱子，无支撑缝料部位。裘皮拼接用的单线包缝机等采用此类机头。

二、缝针种类和型号

随着服装工业的发展，缝纫设备种类越来越多。与此同时，机针型号也随之增多，目前已达 15000 种以上。机针已成为服装工业中重要的、不可缺少的部件之一。

(一) 缝针种类

1. 按用途分

缝针可分为家用缝针和工业用机针两类。

(1) 家用缝针：主要用于手工或低速运转的家用缝纫机使用，分各种型号手针和家用机针。因只完成普通的缝合，所以家用缝针的设计要求并不很高，缝针的结构也较简单。

(2) 工业用机针：大多在中、高速缝纫机上使用，由于机器转速较高，缝纫的温升大，因此，对机针的要求也随之提高。根据缝纫机种类，工业用机针还可分为平缝机针、绷缝机针、包缝机针、链缝机针等。对于不同类型的缝纫机，需选用相应的机针型号。

2. 按针体外形分

有直针和弯针两种。大多数缝纫机使用直针，弯针多用于暗线迹的加工，如缲边机、纳驳头机等使用弯针。

(二) 缝针型号

由于缝纫机的种类和型号很多，缝针的针型亦很多。对于同一种缝纫机型，在缝制不同厚薄、不同质地的面料时，要选用适当的针号。

1. 针型

针型是某缝纫机种所使用机针的代码，是对缝纫机的种类而言的。目前，各个国家针型标号仍不统一，但对于同型机针，其针杆直径和长度是一致的，见表 3 - 1。

表 3 - 1　针型标号

缝纫机种类	平缝机	包缝机	双线链缝机	绷缝机	锁眼机	钉扣机
中国针型	88	81	121	121,GKl6,62×1	96	566,GJ4
日本针型	DA×1 DB×1 DC×1	DC×1 DC×27	DM×1 TV×7 DM×3 UO×113	DV×1 DV×21	DP×5 DL×1 DG×1 DO×5	TQ×1 TS×18 DP×17 TQ x7
美国针型	88×1 16×231 214×1	81×1	82×1 82×13 2793 81×5	121 62×21	135×5 71×1 23×1 142×1	175×1 2851 29—18LSS 175×5

2. 针号

针号是机针针杆直径的代码，是对缝制物种类而言的。常用的针号表示方法有三种，即：公制、英制和号制，见表 3 - 2。

(1) 公制：以百分之一毫米作为基本单位度量针杆的直径，并以此作为针号。如 55 号针，针杆直径 D = 55/100 = 0.55 mm。

(2) 英制：以千分之一英寸作为基本单位度量针杆的直径，并以此作为针号。如 022 号针,针杆直径 D = 22/1000 = 0.022 英寸。

(3) 号制:只是机针的一个代号,号数越大,表明针杆直径越粗。

表 3-2　针号对照表

号制	5	6	8	9	10	11	12	13	14	16	18	19	20	21	22	—	23	—	24	25	26
公制	50	55	60	65	70	75	80	85	90	100	110	120	125	130	140	150	160	170	180	200	230
英制	—	—	022	025	027	029	032	—	036	040	04J4	048	049	—	054	060	—	067	073	080	090

不同类型的面料,需要选择适当的针号,表 3-3 为缝纫机针与面料的关系,生产中可参照使用。

表 3-3　缝纫机针与面料的关系

针号(号制)	适用的面料种类
9、10	薄纱、上等细布、塔夫绸、泡泡纱、网眼织物
11、12	缎子、府绸、亚麻布、凹凸锦缎、尼龙布、细布
13、14	女士呢、天鹅绒、平纹织物、粗缎、法兰绒、灯芯绒、劳动布
16、18	粗呢、拉绒织物、长毛绒、防水布、涂塑布、粗帆布
19~21	帐篷帆布、防水布、睡袋、毛皮材料、树脂处理织物

三、缝纫线迹

(一) 线迹分类和术语

线迹是由一根或一根以上的缝线采用自链、互链、交织等方式在缝料表面或穿过缝料所形成的一个单元。自链是指缝线的线环依次穿入同一根缝线形成的前一个线环;互链是指一根缝线的线环穿入另一根缝线所形成的线环;交织(亦称为连锁)是指一根缝线穿过另一根缝线的线环,或者围绕另一根缝线。线迹的形成通常有这几种情况:①无缝料;②在缝料的内部;③穿过缝料;④在缝料表面。

国际标准化组织(ISO)于 1979 年 10 月拟定了线迹类型标准(ISO 4915—81《纺织品——线迹的分类和术语》),将服装加工中较常使用的线迹分为六大类,共计 88 种不同类型。我国亦于 1984 年制订了线迹类型的国家标准(GB 4515—84),等同于 ISO 4915—81。

1. 100 类——链式线迹

由一根或一根以上针线自链形成的线迹。其特征是:一根缝线的线环穿入缝料后,依次同一个或几个线环自链。编号为 101~105、107、108,共 7 种。

2. 200 类——仿手工线迹

起源于手工缝纫的线迹。其特征是由一根缝线穿过缝料,把缝料固定住。编号为 201、202、204—206、209、211、213—215、217、219、220,共 13 种。

3. 300 类——锁式线迹

一组(一根或数根)缝线的线环,穿入缝料后与另一组(一根或数根)缝线交织而形成的线迹。编号从 301～327,共 27 种。

4. 400 类——多线链式线迹

一组(一根或数根)缝线的线环,穿入缝料后,与另一组(一根或数根)缝线互链形成的线迹。编号为 401～417,共 17 种。

5. 500 类——包边链式线迹

一组(一根或数根)或一组以上缝线以自链或互链方式形成的线迹,至少一组缝线的线环包绕缝料边缘,一组缝线的线环穿入缝料以后,与一组或一组以上缝线的线环互链。编号为501～514、521,共 15 种。

6. 600 类——覆盖链式线迹

由两组以上缝线互链,并且其中两组缝线将缝料上、下覆盖的线迹。第一组缝线的线环穿入固定于缝料表面的第三组缝线的线环后,再穿入缝料与第二组缝线的线环在缝料底面互链。但 601 号线迹例外,它只用两组缝线。第三组缝线的功能,是由第一组缝线中的一根缝线来完成。编号为 601～609,共 9 种。

此外,国际标准中还推荐了 700 类线迹。

(二) 线迹要素

线迹种类繁多,为掌握各种缝纫线迹,以便在缝制加工中能较好地选用适当的线迹类型,首先要了解线迹的三要素:

(1) 线数:线迹由几条缝纫线组成;

(2) 结构缝纫线在服装面料上形成何种状态;

(3) 线迹密度:单位长度内所包含的线迹单元个数,通常以 2cm 或 3cm 为单位长度。线迹密度是缝制的一个重要工艺参数,其大小对缝制的强度、缝线消耗量及缝纫缩皱均有影响。

第二节　通用缝纫设备

通用缝纫设备是指服装生产加工中使用频率高、适用范围广的缝纫机械,主要包括平缝机、包缝机、链缝机、绷缝机等。

一、工业平缝机

工业平缝机是服装生产中最基本的设备,在服装生产设备总量中比例高达70% 以上。平缝机按其形成的线迹特点,又称为锁式线迹缝纫机。平缝机在服装加工中承担着拼、合、缉、纳等多种工序任务,安装不同的车缝辅件,就可以完成卷边、卷接、镶条等复杂的作业,所以它是服装生产中使用面广而量大的一个缝纫机种。

我国生产的工业平缝机,以 GC 型和 GB 型应用最广。该机可用于缝纫薄料和中厚型衣料,是服装厂配置的主要缝纫设备。平缝机的代表机型有国产 GC15、GC30 系列,日本公司制造的 DDL、DLN、DLD、LU、LH 等系列。近年来工业平缝机正在向高速和电脑化方向发展,缝纫车速已从 3000r/min 提高到 5000～6000r/min。其缝纫功能除具有一般的平缝功能外，还具有自动倒缝、自动切线、自动拨线、自动抬压脚和自动控制上下针位停针以及多种保护功能。

（一）工业平缝机的种类及特点

1. 工业平缝机的种类

1) 以工作速度分类

工业平缝机可分为低速平缝机（缝速在每分钟 2000 针以下）、中速平缝机（最高缝速在每分钟 3000 针）、高速平缝机（最高缝速在每分钟 4000 针以上）。由于高速平缝机都采用了自动润滑系统，运动联接部位普遍采用滚动轴承，零件加工精密，缝纫平稳，噪音小，性能好，普遍受到服装企业的欢迎。

2) 按适用的面料厚度分

有轻薄、中厚及厚重等类型，通常在缝纫机的标号后加字母区分，引"H"表示适于厚料的缝合，"B"表示适于薄料的缝合等。

3) 按机针数量分

有单针平缝机、双针平缝机。单针平缝机用于普通的缝合加工或压缝单明线；双针平缝机用于双明线的缝纫，一次可形成两条平行的直线，如夹克衫、牛仔服等明线加工。

4) 以缝纫机送料方式分类

可分单牙下送式、前后差动式、针牙同步式、上下差动式等不同机种。差动式送料可以适用各种性能质面料的缝纫，尤其在缝制弹性面料时，效果更为理想。针牙同步式是在机针刺入面料后和送布牙同步一起送料的送布方式，适于多层面料的缝纫或较厚、容易滑动的面料缝纫，可以避免面料错位、起皱。

5) 以操作方式分类

可分为普通平缝机和电脑控制平缝机（也称三自动缝纫机）。电脑控制平缝机可以设定线缝式样，装有自动剪线、自动剪线缝、自动缝针定位、自动压脚提升等装置。

2. 工业平缝机的特点

（1）结构简单，用线量较少，在服装缝制中由于面料正反面线迹完全一样而无需区分正反面，给生产带来很大方便。

（2）形成线迹的牢度较好。

（3）线迹不易拆解或脱散；

（4）线迹弹性差，拉伸性能较差；

（5）与链式线迹缝纫机相比，换机芯所占时间较多。

（二）工业平缝机的应用

1. 工业用平缝机的组成

平缝机一般都由机头、机座、传动和附件四部分组成。

机头是平缝机的主要部分。它由刺料、钩线、挑线、送料四个机构和绕线、压料、落牙等辅助机构组成，各机构的运动合理地配合，循环工作，把缝料缝合起来。

　　机座分为台板和机箱两种形式。台板式机座的台板起着支撑机头的作用,缝纫操作时当作工作台用。台板有多种式样,有一斗或多斗遮藏式、柜式、写字台式等。机箱式机座的机箱起着支撑和贮藏机头的作用,使平缝机便于携带和保管。

　　平缝机的传动部分由机架、手摇器或电动机等部件构成。机架是机器的支柱,支撑着台板和脚踏板。使用时操作者踩动脚踏板,通过曲柄带动皮带轮的旋转,又通过皮带带动机头旋转。手摇器或电动机多数直接装在机头上。

　　平缝机的附件包括机针、梭心、开刀、油壶等。一般平缝机都由机头、机座、传动和附件四部分组成。具体样式见图3-1。

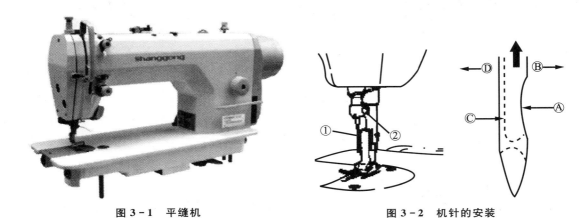

图3-1　平缝机　　　　　　　　　　　　图3-2　机针的安装

　　2. 工业用平缝机的使用方法

　　通过踏动脚踏板来控制电动机运转,再由皮带带动主轴、曲柄滑动机构的传动,使挑线机构和送料机构工作,完成整个缝纫过程。

　　(1)安装机针:先转动机轮使针杆升到最高位置,然后用螺丝刀旋松装针螺丝,将长容线槽朝向左面,把针柄插入针杆下部的装针孔内,使机针顶到头,再拧紧装针螺丝。机针安装见图3-2。

　　(2)穿面线:将面线穿入顶部过线杆的线孔,套入过线簧,从过线板上孔引进,再经下孔穿出,向下套入夹线器,钩入挑线簧,绕过缓线调节钩,向上钩进右线钩,穿过挑线杆的线孔,向下钩进左线钩、进入过线孔、针杆过线孔,最后将缝线从左向右穿过机针的针孔,并引出10 cm左右的线备用。面线的安装见图3-3。

　　(3)穿底线:转动上轮,使针杆升到最高位,拔起梭芯套上的梭门盖,向外拉出,取出梭芯套后,即可将梭芯从梭芯套中倒出。然后在绕线器上绕底线,把梭芯插在绕线器轴上,把线团上来的线先穿入过线架的线孔,再套入夹线板,然后把线头在梭芯上顺时针绕几圈,把满线跳板向下按,绕线轮即压向传动皮带,开始绕线。梭芯绕满线后自动跳开而停止绕线。梭芯线不能过满,否则容易散落。适当的线量应该是平行绕线到梭芯外径的80%,梭芯线需要多少可以用满线跳板螺钉来调节。梭芯线应排列整齐而紧密,若松浮不紧,可加大夹线板压力;若排列不齐,则移动过线架调整。底线绕完后,将梭芯装入梭芯套,装入时应拉出线头用手捏住,并注意梭芯的方向,将梭芯套入梭芯套内,把梭芯扣严实,转动梭芯套,将线头嵌入梭芯套的缺口内,滑过梭芯套底,从梭芯套叉口处拉出,留出10 cm左右的线,然后装入梭床。梭芯装完后,将针杆向下运动,引出底线 10 cm,最后将底面线头一起放在压脚后方。锁芯的安装见图 3-4。

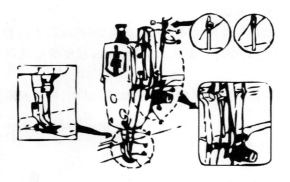 

图 3-3　面线的安装　　　　　　　　　　图 3-4　锁芯的安装

（4）调节针距：先把倒送扳手压下,再旋动旋钮。向顺时针方向旋动,针距变密,就在缝薄料的位置上,调节完后放开倒送扳手。向逆时针方向旋动旋钮,针距变松,就到缝厚料的位置。通常软、薄缝料线迹在每两厘米 12～16 针,而厚缝料每两厘米 8～10 针。针距的调节图 3-5。

 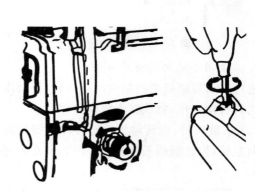

图 3-5　针距的调节　　　　　　　　　　图 3-6　底面线张力的调节

（5）调节缝线松紧：从梭床中取出梭芯套,用螺丝刀旋动梭芯套外的梭皮螺钉,将梭皮螺钉向逆时针方向旋动,压力减小,底线就松。向顺时针方向旋动,压力加大,底线就紧;调完底线松紧后,可以调节面线。底面线张力的调节见图 3-6。

（6）调节压脚和送布牙：压脚和送布牙的高度应根据不同缝料来设置。调节压脚压力的大小是通过压杆顶上的螺栓压住弹簧的松紧来调节。用手旋松压杆顶部的固定螺丝。逆时针旋动减小压力,用来缝制薄面料。顺时针旋动加大压力,用来缝制厚面料,调整完后旋紧固定螺丝。压脚压力的调节见图 3-7。

图 3-7　压脚压力的调节

二、包缝机

包缝机是应用 500 型线迹缝纫机的总称，又称拷克机、拷边机、切边机、花边机等。包缝机是用于切齐并缝合裁片边缘、包覆布边，防止衣片边缘脱散的设备。其所形成的线迹为立体网状，弹性较好。除包覆布边外，亦广泛用于针织服装的下摆、袖口、领口及裤边等处的折边缝以及针织服装衣片的缝合。

包缝机的发展在近年来有很大进步，根据不同服装的生产要求其产品愈来愈细化，很多企业都开发了自己的系列产品，以此来满足不同的客户需求。比如日本公司推出的 EX 系列、品种丰富的 CW600 系列以及高速高品质的 M700 系列；还有一些企业为了满足特定缝纫需要开发了单一功能的包缝机，比如飞马的 EX5104 型机器是专门为缝松紧带的包缝机，还有专门缝领口、汗衫的包缝机，日本大和的 AZ8471 型为嵌布带用的专用包缝机。其具体样式见图 3-8。

图 3-8　包缝机

（一）包缝机的种类及特点

1. 一线包缝机

有一个机针、一个叉针，用一根缝线，实现单线链式线迹。这种包缝机主要用于容易拆线的假缝边，如缝合毛皮和布匹接头、包装袋封口包缝加工。

2. 二线包缝机

有一个机针、一个弯针和一个叉针，用两根缝线，实现双线链式线迹。主要用于印染、毛纺及皮革等行业面料相接和面料相拼的缝纫作业中。

3. 三线包缝机

三线包缝机是最常用的包缝机，它有一个机针、两个弯针，用三根缝线，实现三线包缝线迹（见图 3-9）。其线迹美观，是面大量广的包缝机种，广泛地应用于针织、服装、巾被、羊毛、毛毯等行业中，进行包边包缝和卷边包缝等作业。

4. 四线包缝机

有两个机针、两个弯针，用四根缝线，实现四线联缝线迹。用于针织、内衣和服装等行业的包缝机包边包缝的联合作业中。

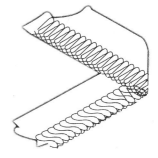

图 3-9　三线包缝线迹

5. 五线包缝机

有两个机针、三个弯针，用五根缝线，实现五线平包联缝线迹。可以这样说，五线包缝机就是以双线链式线迹对缝料进行缝合，以三线包缠（或包边）线迹包裹缝料边缘，并使两种功能合为一体的缝纫机。这种连包带缝的缝制方法，能使缝料结合牢固。所以，五线包缝机应用较广，广泛用于针织、内衣和服装等行业中进行平缝和包缝的联合作业。

6.特种装饰包缝机

是用固定的花型进行包边的特种包缝机,应用范围小。

(二)包缝机的应用

1.包缝机的主要技术参数

国产包缝机命名以 GN 字母为首,表示包缝机采用针杆挑线和摆动双弯针的钩线机构。应用较广的包缝机是中速和高速包缝机,它们主要技术性能参数见表 3-4。

表 3-4 包缝机的主要技术参数

项 目 型 号	GN-1	GN2-1	GN3-1	GN4-1 GN5-1
转速(r/min)	3000	5000	3000	5000~5500
线数	3	3	5	5
包缝针距(mm)	1.5~4	0.8~4	1.5~3.2	0.8~4
包缝宽度(mm)	2.5~4.5	2.5~4	2.5~4	2.5~4

2.机针针号及缝线的选择

缝制薄料时,一般用 81×1 型 7 号~9 号机针;缝制较厚的缝料时,用 81×1 型 10 号~11 号机针。选择机针前,应先根据缝料选好缝线,然后根据缝线的粗细选择机针的号数,或根据缝纫的质量要求选好机针号数,再根据机针选用合适的缝线。缝线应能非常轻滑地通过机针和大小弯针的针孔,机针和大小弯针都必须使用软线。表 3-5 列出了一般缝料选用的缝线和机制规格以供参考。

表 3-5 面料、缝线和机针的搭配

面料种类	缝线(tex)	机针
薄料	16.67~12.5(60~80 公支)	9 号
中厚料	16.67(60 公支)	11 号
厚料	23.8(42 公支)	14 号

3.包缝机的使用方法

(1)安装机针:根据表 3-5 选好机针后,即可进行机针安装。安装时,转动机轮,使针杆升至最高位置,用随机配备的专业扳手松开紧针螺母,取下原有机针换装所需要的机针,如图 3-10 所示。为确保各成缝机件的配合,安装时要注意:机针针柄必须向上装足,使针柄碰到针杆装针孔底;机针的长槽应正对操作者;最后,必须用扳手将紧针螺母旋紧。

(2)调节针迹长度:针距长度可根据缝料的性质和缝纫质量的要求做相应的调节。由于包缝线迹主要作用是防止织物边缘纱线脱散,因此对纱线易脱散的光滑面料、松薄面料来说,应调小针距长度,增加线迹密度,利用包缝线迹和缝料增多的交织点提

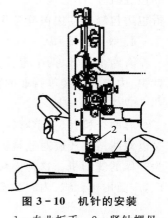

图 3-10 机针的安装
1—专业扳手 2—紧针螺母

高抗脱散能力,这是缝纫中常用的措施。具体方法见图3-11,先将前罩壳(A)向右并拉开后,用左手大拇指向里使劲推开针揿钮轴(B),同时右手转动带轮(C),使开针揿钮轴嵌入开针偏心槽内。然后将带轮上的刻度数字对准右上盖红线,并根据所需针距选择可读数,比如数字"2"对准红线,则其针距就为2mm。

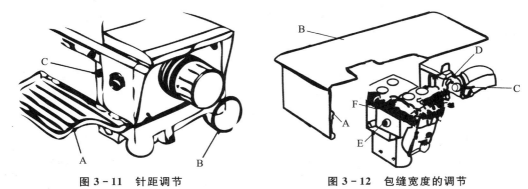

图3-11　针距调节　　　　　图3-12　包缝宽度的调节

(3)调节包缝宽度:包边宽度的调节可根据用途需要调节。见图3-12,调节时将缝台扳手(A)往下撬,打开缝台(B),旋转螺钉(C),使上刀架(D)向右移开,然后旋松下刀架螺钉(E),移动下刀刃至所需的包边宽度即可(下刀架向左移,包边宽度变窄;下刀架向右移,包边宽度变宽)。再将螺钉(E)旋紧。然后将上刀靠拢下刀稍紧一些,旋紧螺钉(C)。放一根纱线在刀口上试一试刀刃,如果纱线切不断,则应检查刀刃是否有缺口和磨钝,绝不可在下刀弹簧(F)处无限度地加力,否则会导致切刀和机器焊接缝断裂。

(4)包缝机的穿线:不同的包缝机穿线图是不一样的,但从卷装→张力器→挑线杆→缝针(或弯针)的基本穿线过程是一致的。图3-13表示GN2—1包缝机穿线图,可供穿线时参考。

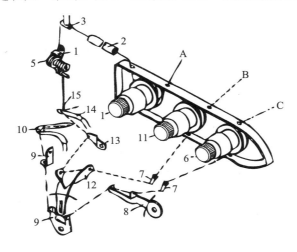

图3-13　穿针引线

A—机针缝线　B—下弯针缝线　C—上弯针缝线

1—机针缝线张力器　2—过线直管　3—过线弯管　4—小张力器座　5—小张力器
6—下弯针缝线张力器　7—穿线弯管　8—下弯针挑线杆　9—下弯针过线器　10—下弯针
11—上弯针缝线张力器　12—上弯针挑线杆　13—上弯针过线器　14—上弯针　15—机针

（5）包缝线迹的调节：三线包缝所缝制的交叉线结，一般应该交织在缝料边缘的中间。如果线结交织在缝料上表面，说明大弯针线（缝料上面的缝线）太紧或小弯针线（缝料反面的缝线）太松。如果线结交织在缝料下表面，则说明大弯针线太松或小弯针线太紧。每根缝线的松紧都可通过相关夹线器的调节螺母来进行调节。

三、链缝机

链缝机属于用针杆挑线、弯针钩线形成各种链式线迹的工业缝纫机。其结构与平缝机相比，除针杆结构相同外，其余主要结构都有较大的差异。因链缝机形成的线迹在面料一侧总为锁链状，尤其是双线链式线迹，其强力和弹性等性能都比锁式线迹好，不易脱散，常用于缝制针织服装及衬衫、睡衣、运动服和牛仔服等。链缝机按其具有的直针个数和线数，可分为单针单线、单针双线、双针双线、双针四线、三针六线和四针八线等多种机型。直针的排列有横向和纵向两种。除单针单线链缝机外，其他链缝机的直针与弯针均为成对、分组同步运动，共同形成链式线迹。链缝机没有梭子，其底线是直接从线轴中抽出，这就大大地提高了生产效率。在工艺设计中，可根据加工服装的品种和线迹要求选定机型。其具体样式见图 3-14。

图 3-14　链缝机

（一）链缝纫机的种类及特点

1. 单针单线链缝机

单针单线链缝机，是由一个带线直针和一个不带线旋转钩针（菱角）相互配合形成单线链式线迹的缝纫机，根据所形成线迹的外观，分有直线型和之字型单线链缝机等机种。因所形成的线迹具有一定的拉伸性，但较易脱散，单线链缝机可用于衣片的暂缝加工以及针织服装衣片的缝合。

2. 单针双线链缝机

单针双线链缝机是由一个直针和一个带线弯针相互配合，完成直针线环和弯针线环相互穿套的缝纫机。其外形多为平板式，所形成的线迹具有一定的耐磨性和拉伸性，但较易脱散，且耗线量较大（见图 3-15）。

3. 多针链缝机

根据直针及缝线的数量，多针链缝机又可分为双针四线、三针六线等多针链缝机。多针链缝机与单针双线链缝

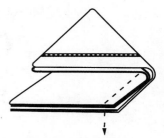

图 3-15　单针双线链缝机线迹

机的线迹成缝过程基本相同，只是各条线迹的形成是由成对的直针和弯针分组、同步运动实现的。

双针四线链缝机的机针除横向排列外，还有纵向排列的机种。前者用于裤子侧缝、袖缝、

领子、绱拉链等双道线迹的加工,后者主要用于裤子后裆缝的加固缝合,以提高后裆部位缝口的强度。其线迹见图3-16。

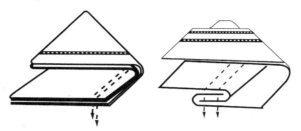

图3-16　双针四线链缝机线迹

(二) 链缝机的应用

(1) 针织面料、涤纶面料的缝制。如橙紧带(橡筋带)缝纫机、针织服装的滚领机抽褶机、镶条机等;

(2) 多针平行缝迹(直线和曲线)缝制。如泳装、文胸、衬衣等带装饰性服装缝制;

(3) 受力较大的服装缝制,如牛仔服装专用缝纫机中专用于裤后裆缝加工的双针四线链缝机等(见图3-17)。

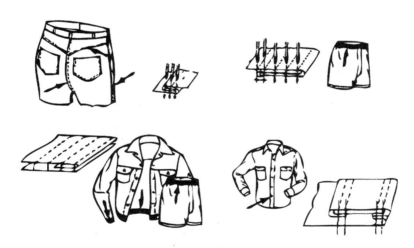

图3-17　链缝机的应用

四、绷缝机

绷缝机是利用针、梭两种缝线使梭线在缝料底面形成单面覆盖链式线迹或在缝料正面再增加覆盖线形成双面覆盖链式线迹,将两层或多层缝料缝合的工业用缝纫机,其正面的覆盖线主要起美观装饰作用。绷缝线迹是多线环互相环套的结构,一个线环至少有3根缝线,多的有6根缝线,线迹的弹性、强力、装饰性都很好。对于单层服装,它的拼接,绷缝加固,两面或单面装饰缝,滚边(领)、卷边等功能都很强,特别适用于睡衣、内衣、裤子和T恤、汗衫、卫生衣等缝制。其具体样式见图3-18。

1. 绷缝机的种类及特点

绷缝机按照其常用绷缝线迹可分为两类：不带装饰线的多线链式线迹绷缝机和带装饰线的覆盖线迹绷缝机。

（1）不带装饰线的多线链式线迹绷缝机。其线迹常用的有 400 类（ISO 标准）中的 406 号和 407 号线迹。

（2）带装饰线的覆盖线迹绷缝机。其线迹常用的有 600 类（ISO 标准）中的 602 号和 605 号线迹。

2. 绷缝机的应用

绷缝机在服装缝制上的应用示例见图 3－19 和图 3－20。

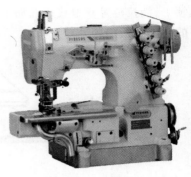

图 3－18　绷缝机

图 3－19 左边款式为短袖运动衫，袖口松紧带、领口均用 406 号双针三线单面装饰缝线迹；右边款式为长袖内衣款，袖口为 602 号两针四线双面装饰线迹，领口为 406 号线迹。图 3－20 中左边的文胸和中间的裤袜，其接缝用的是三针四线单面装饰线迹；右边的内裤腰上的松紧带用的 407 号线迹，缝附带子用的是 602 号线迹，股下装饰缝用的是 605 号三针五线双面装饰线迹。

图 3－19　绷缝机的应用一

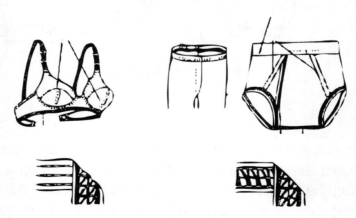

图 3－20　绷缝机的应用二

第三节　专用缝纫设备

专用缝纫设备是指服装工业上专门用于特殊部位缝纫处理的设备，主要包括套结机、钉扣机和锁眼机等。

图 3 - 21　套结机

一、套结机

套结机是专用工艺的自动缝纫机型，又称打结机，打枣机。通常是用于服装以及其他缝制品的缝合加固。服装的袋口、裤袢、钮孔尾部、背带等受力部位都用套结机加固。其具体样式见图 3 - 21。

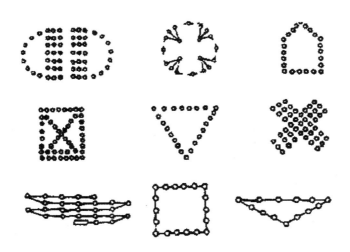

图 3 - 22　花样套结

（一）套结机的种类及特点

套结机按照缝迹可分为花样套结机和平缝套结机。

1. 花样套结机

花样套结机的缝迹如下图 3 - 22 所示，其功能主要是在服装上起到装饰的作用。

2. 平缝套结机

平缝套结在服装上被应用非常广泛，根据不同的用途和不同的面料，选用不同缝迹的平缝套结机。根据需要，套结封口处的尺寸要求有大套结（(8～16mm)×(1.5～3mm)），小套结（(4～8mm)×(1.5～3mm)）之分，圆头锁眼尾部封口有锁眼套结（(4～8mm)×(1.5～3mm)），对于针织、稀薄、弹性面料等用针织套结，缝钉、商标、裤襻用线套结（套结宽度为0）。

各种平缝套结的标准式样见表 3 - 6：

表 3-6 平缝套结标准样式   单位:mm

NO	名称	规格(长×宽)	缝迹
1	42针大套结	16×2	
2	36针大套结	16×2	
3	28针大套结	16×2	
4	56针大套结	16×0	
5	36针小套结	8×2	
6	28针小套结	8×2	
7	21针小套结	8×2	
8	28针线型套结	14×0	
9	21针线型套结	14×0	
10	36针线型套结	16×0	
11	28针织套结	8×2	
12	21针织套结	8×2	

(二) 套结机的应用

1. 加固

服装或其他服饰品(箱包、鞋帽等)的受力部位需进行加固缝合。对服装来说,常用套结的部位是袋口、钮孔尾封合、腰衭、裤衭、领门襟、裤(腰)门襟等处(见图 3-23)。

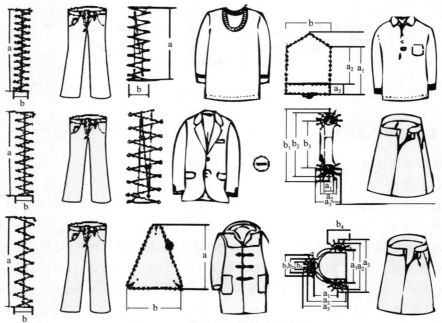

图 3-23 套结机在服装上的应用

2.装饰

套结具有各种缝迹,其中花式套结在受力部位起加固作用的同时,又有"画龙点睛"的装饰效果。

二、钉扣机

钉扣机是专用的自动缝纫机型,完成有规则形状钮扣的缝钉和有"钉、滴"缝纫工艺的作业,如钉商标、标签、帽盖等。最常用的是圆盘形二孔或四孔钮扣(又称平扣)的缝钉。

通过各种专用钉扣机附件的替换,一台钉扣机可以缝钉带柄扣、金属扣、子母扣、缠脚扣、风纪扣等各类钮扣,见图3-24。用户可根据需要请设备供应商提供钉扣机的专用附件。

图3-24 钉扣机

(一)钉扣机的种类及特点

目前服装厂使用的钉扣机,按照线迹的不同分为两种:双线锁式线迹钉扣机(通常称为平缝钉扣机)和单线链式线迹钉扣机。

1.双线锁式线迹钉扣机

双线锁式线迹钉扣机的线迹为锁式线迹(304号线迹),其线迹结实美观,并有打结机构,钉扣线迹的抗脱散性能较好,我国引进的美国胜家269W型、日本重机公司生产的LK-981-555型订扣机均属于此类钉扣机。

2.单线链式线迹钉扣机

单线链式线迹钉扣机的线迹为单线链式线迹(107号线迹),其结构较为紧凑,调节方便,线迹也有良好的抗脱散能力,因此是我国服装业使用的主要机种,我国生产的GJ1型、GJ2型、GJ3型、GJ4型、GE2107型及美国生产的275E型、日本生产的MB-372系列等均属于单线链式钉扣机。

(二)钉扣机的应用

钉扣机在服装缝制上的应用示例见图3-25。

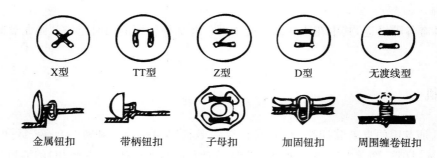

图 3 - 25　钉扣机纽扣类型和缝迹

三、锁眼机

锁眼机又叫钮孔缝纫机,是服装生产的一种专用设备,它专用于缝锁服装的钮孔。锁眼机生产效率高,为大批量生产服装提供了极为有利的条件。因此,它被广泛地应用于服装行业。

锁眼机在服装加工过程中虽然只担负着完成一道工序的任务,但却是缝纫设备中结构最复杂的一种。服装钮孔缝制的质量,直接影响着服装的牢度和外观。所以,认识了解并掌握锁眼机的相关原理,就可以更合理地使用它,更熟练地操作它。其具体样式见图 3 - 26。

图 3 - 26　锁眼机

(一)锁眼机的种类及特点

1. 按照其形成的扣眼线迹形状分

1)平头锁眼机

平头锁眼机是指缝锁的钮孔前端呈方形的锁眼机(见图 3 - 27)。我国早期生产的 GH2—1 型锁眼机和目前生产的 G13、G15 型锁眼机,以及日本生产的 LBH—761 型锁眼机等均属于平头锁眼机。

2)圆头锁眼机

圆头锁眼机是指缝锁的钮孔前端呈圆形的锁眼机(见图 3 - 28)。其特点是钮孔形状美观,线迹均匀结实。美国早期生产

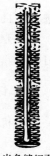

全角缝纽孔　　半角缝纽孔

图 3 - 27　双线锁式线迹钮孔

的 99 型锁眼机(经改进后现称为 299U 型锁眼机),我国生产的 GYl－1 型锁服机、GMl－1 型锁眼机以及德国的 557 型锁眼机等属于圆头锁眼机。

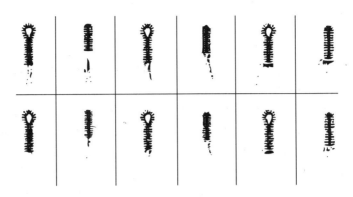

图 3－28　圆头锁眼机钮孔形状

2. 按照缝锁和开刀的先后顺序分

1)先开刀后锁眼

先开后锁的机器,又叫"净眼"锁眼机。

2)先锁眼后开刀

先锁后开的机器,又叫"毛眼"锁眼机。平头锁眼机一般为先锁眼后开刀型,圆头锁眼机先开后锁和先锁后开的都有。

(二)锁眼机的应用

由于各类锁眼机的性能不同,为得到良好的加工效果,在锁制不同材料不同款式的服装时,必须合理地选用锁眼机。

首先,根据服装材料性质来选用锁眼机。一般地说,比较单薄的材料应选用平头锁眼机,中厚料根据工艺要求可选用圆头锁眼机。先锁后开的锁眼机一般用于较单薄的服装材料,先开后锁的多用于中厚服装材料。

其次,服装品种款式不同,使用的锁眼机也应有所不同。平头锁眼机和先锁后开的锁眼机多用于衬衣、童装、单服等的生产。以毛、呢等中厚料为材料的外衣多用圆头锁眼机和先开后锁的锁服机。

此外,在选用锁眼机时,还要了解机器的性能。虽然同一台锁眼机能加工各种不同性质的缝料,但缝制效果未必都最理想。如国产 G15 型高速锁眼机,其中 G15－1 型最适合衬衫的生产,G15－2 型适合针织品,G15－3 型则适用于服装的生产。

第四节　装饰用缝纫设备

在成衣生产中出于美观或为增加服装的花色品种,常使用装饰用缝纫机,用以缝出各种漂亮的装饰线迹及缠边。由于装饰手段和方法千变万化,所使用的装饰用缝纫机种类也较多,如绣花机、曲折缝机、打褶机等。

一、绣花机的功能及应用

绣花机是在服装面料上绣出各种花色图案的服装设备。

绣花机的种类很多,按照控制方式可分为电脑控制的自动绣花机、用穿孔带等控制绣架运动的半自动绣花机、手动绣花机。目前应用较广的为电脑绣花机,其生产厂家及型号也较多。

按照机头数量分有单头绣花机和多头绣花机,可完成链状线迹、环状线迹、镂空、平缝等不同类型的绣花加工,广泛用于女装、童装、衬衣及装饰用品等。不同型号的机头数和针距也不等,其中机头数最多的已达 28 头,机头间距从 100~900mm 不等,刺绣速度最高已达 900 针/min。绣花机功能除平缝外,有些还能进行卷绣、凸绣及花带绣。

选用绣花机时,应当考虑工厂的生产规模、产品品种、绣花范围和工艺要求,选用合适的绣花设备。其具体样式见图 3-29。

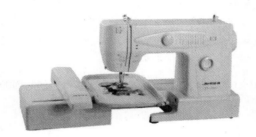

图 3-29 绣花机

(一)单头绣花机

具有多种编制机能,如放大、缩小、绣花针迹密度调节、反转、排列、自找中心定位、重缝等。装有断线传感器,当面线切断时机器自动停止。线迹长度可自动调节,花样在缝区范围内,起始点可单独选择,无论结束的地方在何处。

(二)多头绣花机

可以存储花样,并进行花样编辑、缩小或放大,花样数个位置的旋转。当底线用完时,机器将自动停止,同时彩色监控器指示出哪个机头无底线,便于快速更换。在刺绣过程中能自动进行补绣。刺绣中途能自动剪线,并高速向下一个刺绣点移动。开机前,可在控制系统屏幕上对布料和图案的各个部分进行模拟配色,以避免多次起样。

较先进的绣花机还具有更为优良的功能,如:有的绣花机配备专用绣框,可对袋状物、弧状物进行刺绣加工,如使用帽子绣框,可直接在帽子上刺绣;加装相应的附属装置,便能自由地进行圆珠片绣、圆珠绣、立绣、花带绣、粗线绣、特殊线绣等多种特殊刺绣方式。这些富有立体感的复合刺绣,只用一台机器就能迅速而正确地完成,并可把平绣和特种绣乃至亮片、钻石镶嵌、金属饰物等加工手段综合应用,实现组合加工,使绣品得到多彩的花型与颜色变化,创造出美丽而具有较高附加价值的制品。

二、曲折缝机的功能及应用

曲折缝机是通过针杆左右摆动,在服装上形成曲折形线迹的缝纫机(图 3 - 30)。当针杆摆动幅度调至 0 位置时,即为普通平缝机。

根据所形成的线迹外观,曲折缝机又分为之字缝机(亦称人字车)和月牙机。月牙机是在织物的边缘缝出等距或不等距曲牙的缝纫机,常用于加工手帕、枕套的缝边,童装及女装的饰边。之字缝机通常有一针、两针或三针"之"字,多用于女式内衣、内裤、泳装等对接加工,对接出的缝口光滑平整,且具有一定的弹性。其具体样式见图 3 - 31。

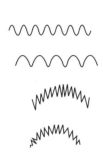

图 3 - 30 曲折缝机线迹

图 3 - 31 曲线缝机

为提高加工质量,增加产量,曲折缝机的功能越来越多,操作也更为简单方便,如:

(1)加装自动剪线、压脚自动提升等装置,使加工更快捷;

(2)配有额外的踏板,进行车缝时可改变上送布动程;

(3)针落点位置变更时,只需操动杠杆,简单方便;

(4)镀钛内梭减少梭子的发热,提高梭子耐久性;

(5)加装松线装置,可使领面与领底呢接合后,领面稍有吃势,形成"里外匀"的良好状态;可调上送布装置,有效防止上下层面料的错位;

(6)采用新型旋转式挑线及夹线机构,使送出的缝线圆滑顺畅、张力小;

(7)高位型上线抓取装置、拔线装置及压脚刀片,可消除起缝时的"鸟巢"现象;吸线头装置使压脚周围能保持清洁。

三、打褶机的功能及应用

打褶机是在平整的缝料上打出款式所需各种褶裥的装饰缝机。除少数机型采用单线链式线迹、锁式线迹外,大多数打褶机采用多针双线链式线迹,用于女装上衣、裙子、家居用品等的打褶。按所打褶裥的形式,可分为横褶和竖褶两种类型。

横褶是靠安装在机针前的打褶板往复运动,使位于打褶板下的面料形成具有一定规律、垂直于送布方向的褶裥,由线迹将褶裥固定。选用不同沟槽曲线的凸轮,改变打褶板的运动规律,可得到所需的横褶。用普通的上线和下线进行平缝或抽褶缝,如将下线换成特定的松紧线,即可进行薄料的松紧线打褶。

竖褶是顺着送布方向形成的各种褶裥,并由线迹将各行竖褶分别固定。竖褶是靠在上、下排褶盘上插入不同的面料导片而形成的,改变导片插法或变更导片,可得到变化繁多的各种竖褶。

许多情况下打褶机与花针机为一体,即在打褶的同时加上各种花式线迹。利用配备的各种凸轮花盘,结合相应的装饰缝线,可缝出许多的花式线迹和图案,使成品更具装饰性、更美观。其具体样式见图3-32。

图3-32 打褶机

第五节　服装熨烫设备

在服装加工过程中,除对衣片各部件进行缝合外,为使服装成品各缝口平挺、造型丰满、富有立体感,需对服装进行大量的熨烫加工,以使最终产品符合人体体型、美观、实用的目的。

一、熨烫原理

(一) 熨烫的加工种类

按熨烫所采用的作业方式可分为熨制、压制和蒸制作业。

1. 熨制作业

是以电熨斗为主要作业工具,在服装表面按一定的工艺规程移动作业工具,使服装获得预期外观效果的熨烫加工。

2. 压制作业

是将服装夹于热表面之间,并施加一定的压力,使服装获得平整外观的熨烫加工。压制作业大多是在成形烫模上进行,熨烫出的服装各部位具有良好的立体造型。

3. 蒸制作业

是将服装成品挂于热表面上,在不加压的情况下对服装喷射高温、高压的蒸汽,使服装获得平挺、丰满外观的熨烫加工。

上述三种熨烫作业方式,以不同的形式应用于服装加工中。如:熨制作业多用于中间熨烫、小型服装厂的成品熨烫等,熨烫服装的效果很大程度上取决于操作人员的技术水平;压制作业在中间熨烫及成品熨烫中均有应用,由于是在成型烫模上进行,所以烫出的服装具有立体造型效果,多用于男、女西服或裤子的熨烫加工,其熨烫效果与所选用的工艺参数有关,人为操作因素较小。

熨制与压制作业均存在一个弊端,即由于加工时直接在服装表面施加压力,对面料的毛感破坏较大,特别是毛向较强的面料,如丝绒、羊绒类面料经熨制或压制作业后,毛向倒伏,严重影响服装外观。

蒸制作业则较适于具有毛绒感的服装的熨烫加工,因熨烫时不直接对面料表面施压,而靠喷吹高压、高温的蒸汽使面料定型。它主要用于服装成品的最终整形加工。

(二)熨烫工艺参数

在熨烫过程中熨烫的工艺参数——温度、湿度、时间及压力对熨烫效果有着非常大的影响。

1. 熨烫温度

温度的作用是使织物纤维分子链间的结合力相对减弱,让织物处于高弹态,具有良好的可塑性。因此,熨烫温度的高低主要取决于纤维材料的种类,应控制在材料的玻璃化温度和流动温度之间,如分别熨烫麻、棉、毛、丝、化纤、尼龙,其熨烫温度应逐渐降低。

2. 熨烫压力

对面料施加一定的压力,使纤维中的大分子按压力施加的方向发生移位,重新组合,纤维在外力作用下变形。压力的大小,主要取决于织物的种类。除个别纤维有一个明显的"屈服应力点"外,当外力超过这一应力点,就会使纤维分子产生移位,导致面料发生形变。一般来说,光面或细薄织物所需压力较绒面或厚重织物小。

3. 熨烫湿度

在熨烫过程中必须对面料充分加湿。给湿的作用主要是:①水分子进入纤维内部,改变了纤维分子间的结合状态,纤维间抱合力下降,可塑性提高;②能较有效地消除熨烫中产生的极光。根据不同的熨烫方式,给湿的方法有所差异,如直接喷洒、垫湿布,或在加热、加压的同时喷出湿气等。

4. 熨烫时间

由于织物的导热性较差,要保证良好的定型效果,熨烫时需有一定的延续时间,以使纤维大分子链能够有机会重新组合,且在新的状态下定位。否则,烫出的效果均为暂时性定型,无法保持长久。熨烫时间的长短主要取决于所施熨烫温度、湿度和压力的大小。另外,与能耗和生产效率等因素也紧密相关。

二、熨制作业设备

熨制作业作为在服装整烫加工中的基本作业方式,经历了从简单到复杂、从单一到成套的长久历程。从最初的铬铁,到如今的蒸汽调温熨斗,熨制设备的主要工具——熨斗已被设计得较为合理与实用,在生产实践中发挥着很大作用。而且,与蒸汽熨斗配套使用的各种烫馒、烫台以及蒸汽锅炉等设备应运而生,并不断被改进、完善。

(一)熨斗

1. 电熨斗

通过对熨斗内的电阻丝通电,使其产生一定的热量,由烧热的熨斗底板,将热量传到织物表面,对面料进行熨烫加工。电熨斗的重量为 $1\sim8kg$,功率为 $300\sim1500W$。轻型、小功率的电熨斗适用于熨制衬衣等薄料服装,在家庭中被使用较多;重型、大功率的电熨斗可熨制呢、绒等厚型面料,在工业生产中被使用较多。

根据电熨斗功能的不同,可分为普通电熨斗和调温电熨斗两种。目前使用的电熨斗大多带有调温装置,适合于不同服装面料的熨制,用途较为广泛。其结构见图3-33。

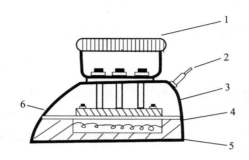

图3-33　普通电熨斗结构
1—手柄　2—电源线　3—熨斗壳　4—加热体　5—底板　6—绝缘层

2. 蒸汽熨斗

蒸汽熨斗能对面料进行均匀地给湿加热,熨烫效果较好。工业生产中大多采用蒸汽熨斗。根据蒸汽供给的方式,蒸汽熨斗可分为成品蒸汽熨斗和电热蒸汽熨斗。

1) 成品蒸汽熨斗

成品蒸汽熨斗使用锅炉或电热蒸汽发生器产生的成品蒸汽,将具有一定温度和压力的成品蒸汽通入熨斗中,使用时拉动或拨动汽阀柄,蒸汽便由汽管经阀门穿过汽道,由熨斗底板喷出。

使用专用锅炉提供蒸汽的成品蒸汽熨斗熨烫时,面料完全由熨斗喷出的蒸汽加热,所以熨烫的温度可保持相对稳定,其使用安全。一般蒸汽加热温度在120℃左右,蒸汽压力为245Pa。其缺点是:所用辅助设备复杂,需要有专用锅炉和蒸汽管路,初期投资费用较高。它通常用于生产西服、制服、衬衫等品种相对稳定且熨烫加工量较大的大、中型服装企业。

2) 电热蒸汽熨斗

电热蒸汽熨斗依靠熨斗加热体将通入熨斗内的水加热汽化,汽化的蒸汽由底板的喷孔喷出,实现给湿加热熨烫的目的。根据供水方式,可分为吊挂水斗式电热蒸汽熨斗和自身水箱式电热蒸汽熨斗。

吊挂水斗式熨斗的水斗和熨斗分体,水斗挂于熨烫台专用的挂架上,水斗和熨斗由橡胶管相连提供滴液。

自身水箱式熨斗的水箱同熨斗合体,由手控进水阀提供滴液。自身水箱式熨斗使用较为机动灵活,但水箱容量有限,影响熨烫效率。

为延长电热蒸汽熨斗的使用寿命,防止水垢等污物堵住底板喷孔,水箱内使用蒸馏水或采用交换离子将水软化。电热蒸汽熨斗价格便宜、占地面积小、使用灵活,在家庭和小型服装加工厂中较为常用。其缺点是熨烫温度不够稳定,有时底板流出的水会污染面料,影响熨烫效果。

3) 电热干蒸汽熨斗

电热干蒸汽熨斗也使用成品蒸汽,即在成品蒸汽熨斗内装入电热体,在熨制过程中电热体可再次加热成品蒸汽,使其成为具有更高温度的高质量干热蒸汽,以提高熨制效果。电热干蒸汽熨斗的温度,可在 110～220℃ 范围内进行准确的无级调温。电热干蒸汽熨斗通常与由热电偶传感器组成的电子调温器及电锅炉的真空熨烫台配套使用。

(二)熨烫台

熨烫台是与熨斗配合使用来共同完成服装熨烫作业的熨制配套设备之一。当它与不同形状的烫馒组合时,可组成具有各种特殊功能的专用熨烫台,如双臂式烫台、筒形物用烫台等,适合服装的中间熨烫或小型服装厂的成品整烫。

熨烫台大多为真空烫台,其原理是利用高效离心式低噪音风机,在熨烫工作台面产生负压,将被熨材料吸附于台面上,以确保熨烫过程中衣物不产生位移,使熨烫后的服装平整、挺括、干燥。

按熨烫台的功能,可分为吸风抽湿熨烫台和抽湿喷吹熨烫台。

1. 吸风抽湿熨烫台

作业时,将需熨制的服装或衣片吸附于台面或烫馒面上铺平,由蒸汽熨斗对衣物进行熨烫,熨烫作业完成后,抽湿冷却,使服装造型稳定。

熨烫台台面是多层复合结构,由包覆布、软垫、过滤层、台面绷等组成。包覆布可以用各种颜色(不会褪色)和质地的布料,但最好是本色的棉布或混纺料,以保证被熨物不被染上其他颜色;软垫是烫台的中间衬垫,可用各种质地的、柔软和富有弹性的毡垫材料,使台面具有足够的柔性和弹性,以使被熨制的服装或面料受力均匀,有利于被熨衣物的伸展;双层金属丝网具有一定的刚度和弹性,不仅是软垫的支撑体,还与软垫共同组成复合过滤层,过滤由灰尘、浆料和蒸汽不断结合而形成的污物;台面绷(基衬垫)是硅树脂橡胶,用来去除绒毛、线头等杂物。烫台结构见图 3-34。

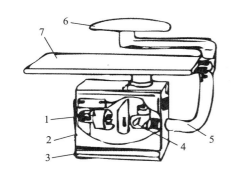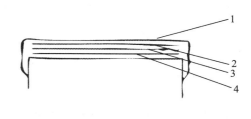

1—风帆　2—机架　3—踢板开关　4—风量调节阀　　　　1—包裹布　2—软垫　3—双层金属丝
5—抽气管　6—旋转臂烫馒　7—烫台　　　　　　　　　　　4—台面绷

图 3-34　烫台结构

2. 抽湿喷吹熨烫台

除具有吸风抽湿熨烫台的吸风和强力抽湿功能外,还可对衣物进行喷吹冷气,通常用于品质要求较高、需进行精整加工的服装熨烫。强力抽湿能加速衣物的干燥和冷却,使衣物定型快,造型容易稳定;喷吹可使面料富有弹性,毛感增强,同时能有效地防止极光或印痕现象的产生。

3. 烫馒

熨制不同的服装部件,要选用不同形状的烫馒。烫馒的规格很多,形状各异。烫馒和熨烫台面的结构相同,其下部与熨烫台的抽湿系统相通,在进行熨烫作业时也可抽湿吸风式喷吹。

三、压制作业设备

压制作业是将服装夹于热表面之间并施加一定的压力,使服装获得所需的立体造型及平整外观的熨烫加工。压制作业多在压烫机或熨烫机上完成。蒸汽烫模熨烫机在服装加工中的使用日趋广泛,其特点是能烫出符合人体形态的立体服装造型,一般用于大衣、西服、西裤等半成品或成品需塑造形状的部位熨烫。其工作过程是:将服装半成品或成品的某部位吸附于已预热的下烫模上,在已预热的上下烫模合模时,模内喷放出高温高压的蒸汽,迫使服装形成烫模的形状,而后抽湿启模,使服装冷却干燥,以便压制好的衣片形态保持稳定。

1. 按施加压力的大小分

(1)重型烫模熨烫机:压制作用力可达 49.1kN,适用于毛织物等厚重服装的熨烫或衣服止口处的中间熨烫。

(2)中型烫模熨烫机:压制作用力为 24.55kN 左右,适用于西服和大衣的压制作业。

(3)轻型烫模熨烫机:压制作用力为 9.82kN 左右,适用于加工薄型服装以及服装的装饰衣片。

2. 按用途分

(1)中间烫模熨烫机:主要用于服装加工过程中的压制作业,如袋盖定型机、收袋机、领头归拔机等。

(2)成品烫模熨烫机:对所有缝制工序完成后的衣物进行整烫,以使服装达到要求的外观效果,如烫领子机、烫驳头机等。

四、蒸制作业设备

蒸制作业是将服装成品放于设备的热表面上,在不加压的情况下对服装喷射具有一定温度和压力的蒸汽,使服装获得平整挺括、外观丰满的效果。由于蒸制作业是一种在近于自然的状态下对服装进行的精细平整加工,因此,不仅能消除服装上一部分折痕,而且对消除熨制作业和压制作业中所形成的极光有较好的效果,特别是呢绒类服装的表面毛感,不会在蒸制加工过程中丧失。较常用的蒸制设备是蒸汽人体模熨烫机,亦称立烫机。按所熨烫部位,立烫机可分为上装类立烫机和下装类立烫机。

其工作过程如下:

(1)鼓模。首先向人体模内充汽,让人体模显现立体形态。

(2)套模。将服装套于人体模上,用特制的袖撑或裤撑将衣袖或裤腿撑成立体状,并靠近衣身,呈自然垂放状态,用专用夹具固定衣领、衣襟等处。

（3）汽蒸。由模内向外喷吹具有一定压力和温度的蒸汽,经过规定的时间后,停止喷吹蒸汽。

（4）抽汽。抽去服装中的水汽。

（5）烘干。向人体模内补入具有一定温度的热空气,烘干衣服。

（6）退模。拿下夹具,将衣服从人体模上脱下。

第四章　服装数字化设备

随着全球市场竞争的加剧和信息技术的不断发展,服装制造业如何适应以多品种、小批量、个性化、高质量、低成本为特点的市场快速反应需求,已成为现代服装企业生存和发展的重要课题。基于数字化技术的服装设备已成为增强服装企业竞争力的重要因素。中国的成衣设计和生产已进入数字化竞争阶段。

所谓服装数字化设备是指通过计算机软件控制和参数驱动来实现自动化加工的设备,其最大的优势是设备本身具有更好的综合性能,并且能更方便地集成。比如与计算机相连接的自动裁床,能将服装纸样自动转为裁片;计算机驱动的多功能缝制设备,在同一台设备上利用控制软件,通过改变工艺参数和变换不同的缝制助件,可以完成刺绣、抽纱、打褶、绗缝等各种装饰线迹的缝制,以此实现服装的个性化;具有模块式专用缝制系统或具有电脑控制的吊挂传输式服装缝制生产系统,可以降低工人的技术要求,有效地提升产品品质和生产效率。电脑控制平缝机、电脑花样缝纫机、电脑控制铺布机、电脑控制立体烫机等数字化设备在前文中已介绍过,在本章中主要介绍吊挂传输式服装加工系统和三维测体设备。

第一节　吊挂传输式服装加工系统

目前,服装生产属于劳动密集型生产,而且生产过程是流水线式作业。从原料布料开始,到裁剪、打样、车缝、包烫等,每个岗位都需要很多工人来作业。尤其是车缝部门,每台缝纫机或其他设备都有一个工人来完成一道工序,比如前幅、后幅、袖子等。服装厂报酬形式一般采用计件工资。如何对生产过程进行控制,提高、控制生产质量,是每个服装厂家面临的问题。吊挂传输式服装加工系统很好地解决了上述存在的问题。

吊挂传输式服装加工系统(FMS)是在数控机械、机器人、自动化仓库、自动输送等自动化设备和计算机技术项目下发展起来的生产单元或系统。吊挂传输式服装加工系统也称柔性生产系统或灵活生产系统(FMS),基本构成是一套悬空的物件传输系统,整个系统由多个工作站组成。这种传输系统将传统的捆包式生产转化为单元生产方式,有效地解决了服装生产过程中辅助作业时间所占比例大、生产周期长、成衣产量和质量难以有效控制等问题,对服装企业小批量、多品种、短周期的市场需求形成快速反应能力具有十分重要的作用。

与传统的的捆包式生产方式相比,吊挂传输式服装加工系统的性能和优越性在于:

1. 作业平衡

采用吊挂式传输系统后,每一工位的加工信息及时输入中央主控电脑,主控屏上会显示各工位的作业量大小,自动地或人机对话方式地调整这种不平衡。它可以保证每个工位的待加工件数不超过 5 件左右。由此,减少了直接劳动时间,消除了停工待料或待加工件积压的现象,生产节拍得到可靠保证。

2. 立体式传输和加工

大大减少了成品、半成品的落地污损和压迫折皱的机会,消除错号和减少拆包、绑扎、搬运、待料等辅助时间。节省和有效利用厂房车间的面积和空间(如成品和半成品堆放场地等)。

3. 服装品质检验实时控制

加工件在整个加工过程,可按品检需要访问品检工位数次,品检不合格产品可返回修片工位或发生质量问题的操作工位,并存入操作工个人资档案库。由此,操作工责任心会增强,不存在漏检的情况。

4. 生产组织形式搭配灵活

它可以根据工作场地的形态(面积大小、上楼下楼、机台的位置)、款式品种等进行生产组织编排,对大批量、少品种实现“大流水”作业,对多品种、少批量实现“小流水”作业。与捆绑式流水线作业相比,一般生产效率可提高 20%～30% 或更多,生产周期可以缩短 50%～60%。

5. 操作工作业环境改善

操作时没有被衣片包围的压抑感,视野开阔。接料送料和人手活动范围等符合人体工程学的需要,操作工的个人作业资料和需求信息都会及时地在工位终端机屏幕上显示,如显示加工件数、返修情况、作业方法、质量要求、各类技术说明、作业警示、个人报酬等,操作工可以用人机对话方式输入个人求助信号和计算机不能自动统计的即时信息等。由班组长、车间主任布置生产任务的传统管理模式被彻底撤弃。人为形成的心理和感情上的管理障碍不复存在。

应该指出,随着计算机硬、软件的不断发展,各种型号的吊挂式传输系统都已广泛地应用了计算机技术,而且不断升级,它们之间的性能差异主要在于软件系统的适应性和可操作性等方面。

一、吊挂传输式服装加工系统的功能

吊挂传输式服装加工系统的基本理念是将整件衣服的裁片挂在衣架上,根据事先输入好的工序工段,自动送到下一道工序操作员手里。大幅度地减少搬运、绑扎、折叠、剪票据及重复的非生产时间。当生产员工完成一个工序后,只需轻按控制钮,悬吊系统就自动地将衣架转送到下一个工序站。它还可以及时提供薪资报表,成本差异分析,每站实际生产现况,每位员工详细薪资资料,潜力产能之条件与分析。有了这些宝贵的报告,可以满足现代服装市场多款式、短工期、高质量的要求。服装吊挂系统被贯穿应用于整个生产流程,连接每一道工序,每条轨道接口设计成自动接通和分开,不会造成各道工序之间的堵塞。它克服了传统人工搬运方式的费时费力的缺点,提高了生产效率,改善了车间环境。在服装生产中,智能吊挂系统已成为服装企业的缝制工段实现柔性加工的基础,可满足多品种、小批量乃至单件的服装加工。更好地应用服装吊挂系统可以很好地实现企业内部生产过程中的资源以及信息化管理,可以更好地进行企业资源计划管理。

吊挂传输式服装加工系统的工作程序为:发料台(配号)、上吊架、读编码、主传动系统、进料系统检码、工位进料、出料系统检码、工位出料、主传动系统。

　　目前的服装吊挂系统可以同时投入几个订单进行平行生产,能通过灵活控制工作站的供应量及积存量来尽可能地完善生产流程管理,从而最大程度地实现缩短订单的生产周期。它能提供工作计划的详细信息,如生产进程及人员设备的利用率,将生产中可能产生的瓶颈问题进行监控并即时解决。当款式、工作计划变化时,只要在流程中进行设定后就可以进行新的生产,而不需要改变机器的位置,大大缩短了生产准备的周期。

　　表4-1是服装企业的传统生产方式和吊挂式传输加工系统生产方式的作业描述。

表4-1　服装企业的生产方式和作业描述

生产方式		作业描述
传统生产方式	小组式的生产方式	一般两人一组为一个单元,保持组与组之间的统一节奏,因为单元时间加大,更易达到流水线的均衡,编制效率更高,而组内作业人员可完成多种不同性质的工序,又可互助,因而适应性更强。当更换产品品种时,不需做较大改动;流水线更短,更适合小批量生产
	分部件生产方式	各部件分区域生产,设备也按各部件区域布置,最后再组合成成品。这种生产方式的工序划分比较粗略,适应不同品种的转换,又减少了设备,节约了场地,适合中小批量生产
	模块化生产方式	一个人多工序、多设备,最多可操作5～6台设备,以组成模块,模块之间的在制品传递通常为单件,这种方式要求资金充足,设备配置较多,占地较大,人员少,但要多技能,适应高附加值、多品种、小批量的快速生产
吊挂式传输加工系统		采用电脑控制,高吊悬空或落地式轨道,把每个衣架送到指定的下一个工作站,中央主控机以网络形式连接每一工作站内的智能终端机,通过中央主控机可及时了解当前生产情况,以实现对整条流水线的实时管理控制

二、吊挂传输式服装加工系统的种类及特点

　　根据产品的定位不同,服装吊挂流水线可分为三类:

　　1. 自动悬挂传输流水线

　　能满足服装企业简单的单件流水线,效率提升只有10%,另外要求配备全部熟练的缝纫工,效率提升5%,达到整体效率提升15%。它和传统的流水线没有什么区别,只能实现悬挂式单件流水线,不能解决服装生产中的"瓶颈"工序以及管理问题。

　　2. 简单的针织服装悬挂生产流水线

　　在满足服装企业单件流水线的同时,配合有传统的流水线,可以做工序简单、批量较大的针织服装;但是对于复杂时装、梭织服装以及小批量、款式多变的服装是无法实现悬挂生产的,效率提升在25%左右。

　　3. 服装智能型吊挂生产系统

　　不仅仅适用于简单的针织服装的生产要求,而且高效适应梭织、复杂时装的生产及管理要

求,特别能广泛适用于现在服装制造中款式多变、批量小、周期短等趋势,效率提升至少38%以上。

智能型吊挂系统效率提升的关键点主要表现在三个方面:自动传输,实时预测与建议优化生产调度平衡,品质追溯与自动返修。智能型吊挂系统不单纯是一款生产系统,更重要的应该是兼生产与管理为一体的系统,彻底解决服装生产过程中的生产、管理弊病。

在服装智能型吊挂系统领域,最重要的核心技术是吊挂系统的信息采集、监控技术方法。目前市场上,服装智能型吊挂系统有三种核心技术在使用:

(1)第一代核心技术也是最老的技术,是条形码扫描识别监控技术,该核心的唯一发明专利是由瑞典的铱腾公司取得,产品名称为 Eton;

(2)第二代核心技术是电偶触碰识别监控技术,该核心的唯一发明专利是由美国衣拿公司取得,它在加拿大也有研发中心。由于技术无法突破,资金不足,2001年衣拿公司宣布破产。其后原衣拿公司越南代理瓮总于2004年进驻中国市场,产品名称为 INA;

(3)第三代也是最先进的核心技术,是基于物联网中 RFID 无线射频识别技术,该核心的惟一发明专利是由中国科学院软件研究所以及南通明兴科技开发有限公司共同取得,产品名称为 Clever Max。

吊挂传输式服装加工系统(FMS)的人机作业方式由吊挂衣片传输装置与计算机控制缝制机械组成。它与机械加工系统的不同在于计算机控制的自动化连续程度不同。机械加工系统可以做到全自动,而服装由于各缝纫机位的人工化,在自动化流程上是断续的,所以服装 FMS 需人工参与。

吊挂传输式服装加工系统(FMS)按控制方法可分为机械控制和计算机控制,在现代生产中多采用后者。每个工位按照生产节拍平衡进行规定工序的缝制加工,所以每一个工位是组成 FMS 的基本单元。整个 FMS 的生产、管理均由计算机控制。管理人员通过计算机上参数的设定实现衣片的按工位传送和各工位间的实时调节与控制。正因为如此,FMS 的电脑控制将各工位自动化缝制的断流、缝制工段到整烫工段的断流、整烫工段各工位的断流、整烫工段到服装成品物流配送的断流,进行信息的直接联接,所以服装吊挂生产系统(FMS)是服装企业实现信息化制造不可缺少的设备。

三、服装智能型吊挂生产系统的构成

服装智能型吊挂生产系统是一种优化的资源整合形式,实际上也是一种流程布局形式,它是以计算机控制、数控机床(CNC)和加工中心(MC)为基础,配置有自动化的物料传输系统(MHS),具有高效率,适应于多品种、中小批量生产的集成制造系统。服装智能型吊挂生产系统由三大部分构成,见表4-2所示。

服装智能型吊挂生产系统中的三个系统是彼此紧凑连接的,这也是其技术性的要求,同时在流程布局方面形成了一个特定的资源集合。这个集合完全区别于传统的布局形式(见图4-1)。

表 4 - 2 服装智能型吊挂生产系统的主要构成

吊挂系统主要构成	计算机管理与控制系统	它是整个 FMS 系统的神经中枢,指挥整个系统的运行,它的功能是根据工艺的要求(输入工艺指令),及时向 FMS 的各个执行系统发出加工指令,并及时监控系统各个部分的运行情况
	加工系统	加工系统是由若干台加工中心和数控机床组成,它能够以任意顺序自动完成所设定的作业活动,作为 FMS 的一个子系统,它是系统的"硬件"部分。由于它的运行完全是依靠指令完成的,所以它可以在任何情况下完成各种复杂形体的加工作业活动
	物料传输系统	该系统主要用于将衣片或半成品在各加工单元之间传输

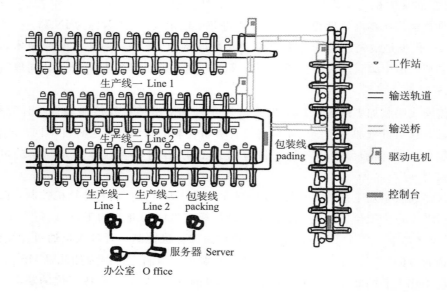

图 4 - 1 服装智能型吊挂生产系统的布局

服装智能型吊挂生产系统从外形和安装方式上可分为两种:高吊悬空式(见图 4 - 2)和落地式。前者所有轨道、工作站均固定在天花板上,地面干净整洁,夹送裁片和半成品的吊架由电脑控制,喂入各工站的传送链可以下降到达每位缝纫工人认为合适的工作位置,缺点是价格较贵。落地式的吊挂系统的所有轨道和工作站均固定在地面,价格比高吊悬空式便宜。这两种方式实现的功效是一样的。无论是悬空式的吊挂还是落地式的吊挂,它们大体可以分为两部分:硬件部分和软件部分。

(一)硬件部分

主要包含主轨道和工作站。主轨道负责将夹持裁片或半成品的吊架循环传送至各个工作站,它的长短以及是否需要转弯可灵活地由工作站的数量和生产场地决定。不论是在同一个楼面或不在同一楼面的流水线,各主轨道可以通过架桥得以延伸和连接。主轨道上有马达配合运输链带动吊架循环输送,当中央控制器决定吊架应进入某一工作站而进行处理时,该吊架

图 4 - 2 悬空式的吊挂系统

就从主轨道进入此工作站的内轨。经各工作站处理完的吊架会回转到主轨道,然后向下一道工序的工作站流转。工作站包含有内轨、上架盒、下架盒、喂入喂出传动链、吊架、读码器和智能终端机等。车缝人员在各工作站内完成整条流水线的各道工序任务。每个工作站均由数字表明站号,无论此工作站的用途是装货、车缝、品检等,电脑只根据这些站号来识别各工作站(见图 4 - 3)。

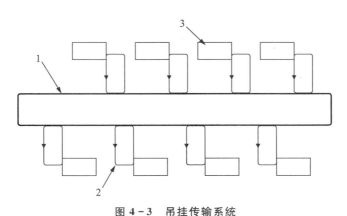

图 4 - 3 吊挂传输系统
1—主传输轨道 2—支传输轨道 3—工作站

　　每个吊架都有条码标志,读码器对进入喂入喂出传动链进行处理的每个吊架进行辨识,并将资料回馈给电脑控制器。内轨分为三种:单轨、双轨、多轨,视用途而灵活确定。
　　值得一提的是喂入喂出传动链上的"工作位置"是指当时的车缝工要处理的那个夹持裁片或半成品的吊架位置,由于吊挂系统设计的目的之一就是让每一位车缝工以最舒适、简洁的动作,最大限度地发挥工效,所以这个位置的设置必须符合人体工学和作业需要,方便操作人员拿取和夹持。它可以通过本工作站的智能终端机调节。

工作站内的智能终端机功能非常强大,它可以控制工作站的开和关,也可以设定测试模式,对本工作站进行硬件检测。从它的荧光屏上可以了解到操作者的作业数量、工序流向、当前处理的吊架号等信息。

(二)软件部分

即电脑控制部分,中央主控机以网络形式联结每一个工作站内的智能终端机,通过中央主控机荧屏可及时了解当前生产情况,以实现对整条流水线的实时管理控制。吊挂系统的电脑控制部分主要实现的功能包括:

(1)生产状况显示:电脑系统可以为管理人员提供每一个工作站、每一个员工、每一个吊架、每一个品种……每时每刻的状况,追踪目标产能,显示生产进度,产生综合报表,以便管理人员及时掌握现场状况,及时做出调整。图 4-4 中就是实际操作 ETON 吊挂系统软件的各工作站显示情况,工作人员可以很容易知道每一个工作站的生产进度以及生产线的负荷。

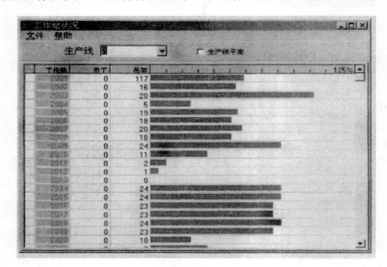

图 4-4　ETON 吊挂系统软件工作站操作界面

(2)工段排序:为每一个品种或颜色设定一条特定的工序流程,以至不同品种或颜色的裁片可以在同一条流水线上按各自不同的流程行进而不会发生碰撞。主轨上的吊架根据电脑工序表有序地流入各工作站进行处理,并最终自动将不同品种或颜色的成品分类下线。工段排序后进入吊架生产,其操作界面如图 4-5,工作人员可以直接了解到订单生产的具体细节情况。

(3)自动平衡:依据各工人缝纫技术的不同熟练程度,自动调节工作站内裁片或半成品吊架的存量,将余量转移到其他工作站,以保证整条流水线的顺畅流通。若生产线需同时生产两个产品,可通过控制系统将吊挂生产线的工位分成两组,分别由两个工艺控制程序控制传输架的传输路线,两条生产线相互独立。

(4)品质检测:以随机或管制的方法对整条流水线进行品质检测,依据测得瑕疵的不同种类,用不同的代码来决定不同的处理方式。

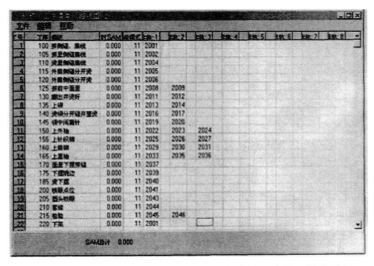

图4-5　ETON吊挂系统软件款式、工序清单及路线图操作界面

每一个中央主控制器和软体可以规划和协调各个工作站的信息,系统工作站可视企业生产需求而灵活扩充,中央主控机可与全厂电脑管理系统联网,实现整个企业的现代化管理。

四、服装智能型吊挂生产系统的主要产品

根据电脑控制和自动化程度不同,服装企业可以根据自身的实际情况选用不同技术层的FMS系统,目前在我国服装企业使用的FMS系统常用的有:日本Juki公司的JHS－201、QRS－Ⅰ、QRS－Ⅱ系统,瑞典铱腾公司的Eton2002系统,日本Brother公司的BSS－100、BL－1000、BL－110系统,美国GM－300系统,美国INA公司的单元生产系统,德国杜克普公司的吊挂系统、中国FD1002型等。

各国服装吊挂生产系统技术性能比较见表4-3。

表4-3　各国制造服装吊挂生产系统主要技术性能比较

系统型号 项　目	Eton2001 （瑞典）	Eton2002 （瑞典）	GM－100 （美国）	GM－300 （美国）	JHS－201 （日本）	FD1002 （中国）
系统功能	较强	强	较强	强	较弱	较强
控制方法	机械编码	光学条形码与微机	计算机网络	计算机网络	机电	工业可编程序控制器
微机管理系统	有	有	有	有	无	有
自动化程度	较高	高	高	高	较低	较高
使用操作	方便	方便	较复杂	复杂	方便	方便
设备安装要求	一般工业厂房	较高	较高	较高	一般工业厂房	一般工业厂房
运转维护	较简单	难度较高	难度较高	难度较高	较简单	较简单
可靠性	一般	较高	较高	较高	高	较高

（一）美国格柏（Gerber）公司 GM 型吊挂系统

1. 结构组成

由吊架、高轨道、支架、副轨道等组成。图 4-6(a) 是 GM 型系统的空间位置剖面图，图 4-6(b) 是 GM 型吊架外形。图 4-7(a) 是 GM 型 44 工位的平面布置图，图 4-7(b) 是 GM 型典型工作站俯视图。

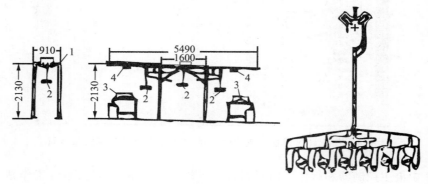

（a）空间位置剖面图　　　（b）吊架外形

图 4-6　GM 型吊挂系统空间位置和吊架

1—主轨　2—吊架　3—工作台　4—灯

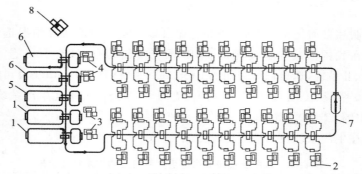

（a）GM 系统（44 个工位）排列图

1—装货工位　2—缝纫工位　3—修片工位　4—质检工位　5—缓冲位

6—下货工位　7—主轨道　8—系统中央主控机

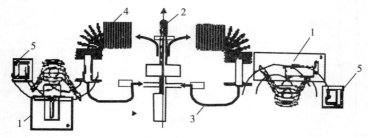

（b）GM 系统典型工作站俯视图

1—缝纫机　2—主轨　3—副轨　4—衣架　5—终端机

图 4-7　GM 型吊挂系统工位布置图

2. 主要部件

主轨道：吊有服装的吊架在主轨道上定速循环输送，当中央主控机决定吊架进某一工位作业，该吊架由主轨转入指定工位的副轨道。

副轨道：每一工位用副轨道和主轨道相连，有限储存待加工吊架，一般不超过 5 件，输送已加工好的吊架再进入主轨道，流入下一个工位作业。

吊架：带有不同功能和夹持力的夹板，将服装衣片夹持；具有随意调节吊挂高度的功能，让吊挂高度和操作工的作业达到舒适配合；带有智能功能，接收主控机的指令。通过认址准确传输，将吊挂服装按工艺需要进入作业工位。

缝纫工位：操作上在终端屏幕上读下该工位的操作内容和质量要求，从副轨传输来的吊架上接收服装，按工艺要求，进行缝纫加工，加工时服装可以被吊架夹持，节省了绑扎和解包的时间。

装货工位：将裁片夹持到吊架上，送入主轨道。

缓冲工位：一旦生产作业发生不平衡，将暂时不能进入加工工位的用架按主控机的指令自动传输到缓冲工位贮存。

成品（半成品）修理工位：接收从质检工位传输过来有质量问题的半成品或成品、或从缝纫工位传输过来的前工序有质量问题的加工件和裁片进行修正或者换片等。

质检工位：对传输来的半成品或成品进行品检，并且将品检结果输入中央主控机。

3. GM 型吊挂系统系列

GM 型吊挂系统有三种型号：GM100，GM200，GM300。GM100 提供了单元自动化生产程序，GM200/GM300 在 GM100 的基础上作了进一步扩展，采用了更先进的传感器、无线电频科技和性能更全面的软件控制系统，同步作业能力更强。

（二）瑞典 ETON 公司 2002 型吊挂系统

瑞典铱腾在全球范围内提供吊挂系统，包括空中的物料传送系统和可定位工作站。铱腾从 1928 年开始服装生产，1967 年发明了吊挂系统，目前已安装了超过 4000 套的系统，支持全球 60 多个国家的客户。

瑞典铱腾公司的 ETON 2002 型吊挂系统采用了 ETON 2002—30 的计算机软件，控制性能和格柏公司 GM 吊挂系统属于同一档次。和 GM 系统一样，ETON 2002 型吊挂系统也是由主轨道、进料臂、吊架、中央主控机等装置组成。图 4－8 是 ETON 系统的吊架。

瑞典 ETON 自动悬吊生产管理系统采用的传动链弹性吊挂设计，能将衣服移到距离作业面 1cm 处的位置。每个工作站均有独立使用的终端机，来辨识并控制弹性传送链供应处的位置和高度。弹性传送链的位置和高度可根据工作内容和作业员的身高等因素调整，使作业员车缝或熨烫时动作减少，操作更加准确。

图 4－9 是采用 ETON 系统的整个缝纫车间的工位排列图。

图 4－9 中，突出于主轨道伸入工位的是进料臂，相当于 GM

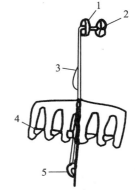

图 4－8　ETON 系统的吊架
1—地址　2—滚轮　3—上夹
4—小夹　5—大夹

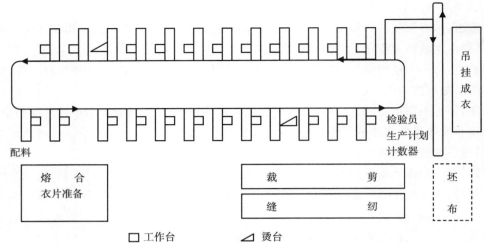

图 4 - 9 采用 ETON 系统的整个缝纫车间的工位排列图

系统的副轨道,进料臂可以是 1 个、2 个,最多不超过 3 个。

应该指出,采用吊挂系统的工艺工位排列可按实际情况,作任意的合理的变动,实际上,吊挂系统的工位排列是各式各样的。

(三) 瑞典 ETON 公司 5000 syncro 型吊挂系统

CISMA2007 期间,铱腾推出了其最新的吊挂系统理念,包括完整的系统平台 ETON 5000 syncro、完整的新软件平台 ETON select 以及完整的培训和支持模式。这是一个完全重新设计、完全专利并且完全超越市场任何其他产品的先进产品。ETON 5000 syncro 提供最终的定制方案:从裁剪—前道—缝制—后整—分检和储存,在车间与车间或楼层之间,系统运作高速,安全且可追踪,能够实现高产量,高质量,快速的投入产出时间,完全控制,降低在压量等等。

这套完整的新系统平台提供了可控制的和安全的产品流水线,并且使生产能力大大提高,是为满足灵活、控制、可靠、安全和产量的需求而设计的。

上架与主轨同步,保证高速、安全、可靠。整个系统是由多个内置 RFID 发送器控制并且完全引导、控制生产和产品流程位置(上架结构见图 4 - 10)。

主轨有不破损的卷轧主轨和通过独特的模块式安装,操作员能够在一道工序内灵活取走滚轮轨,放置到任何想放置的位置,并且替换特殊的模块,例如上架、下架齿轮和读码器等(主轨结构见图 4 - 11)。

ETON 5000 syncro 有许多内置装置,安全保障设计以满足高吊安装的需求,区域位置也由 M2 改变为 M3(见图 4 - 12)。这样的设计实现扩大生产规模的可能、更大的生产能力、更好的视野、开放式的工作空间、良好的形象和较低的成本。

图 4 - 10 上架

图 4-11 主轨

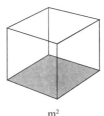
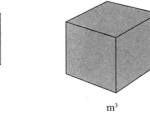

m²   m³

图 4-12 区域位置

(四) Euratex(欧科泰)全自动悬吊系统

Euratex(欧科泰)全自动悬吊系统系加拿大 Euratex Canada inc.公司品牌,由鹏昆科技(上海)有限公司经销。Euratex(欧科泰)集生产与管理于一身。在生产方面,其功能与其他吊挂生产系统相似,另外它可以预先将下一个款式订单的生产资料输入并储存在电脑里,减少生产线上款式更换的准备时间。款式资料库可以保证当调动工序进行新款式生产时,快速从数据库资料中进行生产安排(图 4-13)。

在管理方面,Euratex(欧科泰)电脑可以及时提供薪资报表、成本差异分析、每站实际生产

图 4-13 Euratex(欧科泰)全自动悬吊系统

情况、分别员工详细薪资资料、潜力产能分析、随机取样品管及检测等功能(图 4-14)。

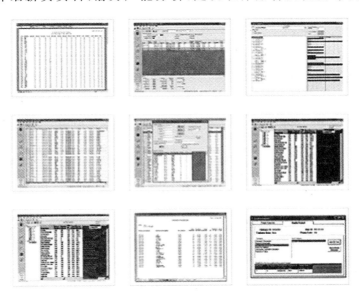

图 4-14 Euratex(欧科泰)功能介绍与分析

Euratex(欧科泰)全自动吊挂系统有完整的联系网络,可以与用户、管理阶层、重要客户之间密切联系,及时了解生产状况。

　　Euratex(欧科泰)全自动吊挂系统的专利产品双轨结构,即主轨道为双轨结构,形成封闭式轨道,保证衣架运行的稳定(图 4 - 15)。

员工终端显示器
员工登录控制,显示生产
件数与生产效率等

双轨结构
主轨道为双轨式结构、形成封闭
式轨道,保证衣架运行的稳定

横置弹簧推杆机构
运送衣架至各个工位,保证
悬吊整体运行正常

旋转导轨进出站结构
通过旋转导轨完成进出工位操作

单件放料机构
保证每次放入一个衣架进入工作区

专业衣架
内置电子芯片,使每个衣架
都有自己的身份识别。确保
每件服装的全程监控。

镶钢导轨结构
弯轨内镶有弹簧钢、保证可
长时间高负荷运转

图 4 - 15　Euratex(欧科泰)系统主要机构

五、服装智能型吊挂生产系统的运用和管理

(一)服装智能型吊挂生产系统的运用

　　使用服装智能吊挂生产系统是一项融合生产及管理为一体的系统升级工程,悬挂系统为

企业带来了巨大的发展空间,如何运用和发挥现代化生产设备优势,需要不断地进行分析总结,使生产效率最大化,企业管理人性化。

　　以下是服装智能型吊挂生产系统的运用实例:男衬衫加工的服装智能吊挂生产系统配置。男衬衫款式见图4-16。

　　男衬衫工序图见图4-17。

1.工序分析

　　根据款式的工艺流程需求及员工人员的状

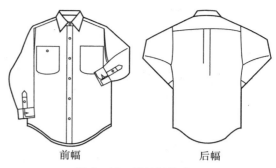

图4-16　男衬衫款式

况首先区分流水线的线外工位和线上工位(智能吊挂线),如领子、克夫、口袋、开袖衩、上后约克等都可以作为线外工序,这些工序放在线外工序上更能提高效率,这样线上的工序就只有组装成衣,工序安排如下:上衣;上门襟、卷里襟;定省位、收胸省;钉袋;收后省;后省拷边;整理后省止口、封拷边线;钉商标;前后身对格;拼肩缝、压止口、定约克两边;五线拷边上袖;整袖窿止口;包摆缝;上领;克领(复领);上克夫;卷下脚边;整克夫止口;检验等共19道工序。

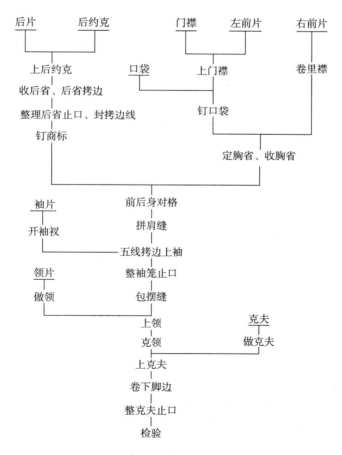

图4-17　男衬衫工序图

2. 工位配置

根据工序分析得出了上线工序含检验、上衣在内共19道工序，需要再考量各道工序员工的技能水平，参考生产部的标准工时综合评定出每个工位的实际能力（工作效力和质量控制能力），确定各道工序的使用工位数和定岗员工，再根据成衣组装的顺序安排工位顺序，同时确定和配置多能工的工位和数量。通过人员的调整、培训和工位的编排，多能工的调剂使得本流水线的每个工位的时间控制在72～76s之间。流水线的初步安排如下：

上衣站：根据裁剪中心的编号，一件一个衣架的原则上架上线（有效的避免了裁片串号造成色卡产生），上架时需要注意上架的时间节奏，一般上架速度要略快于流水的平均速度，使得线上员工有紧迫感，裁片上架的位置和顺序需要方便各工位上拿取、顺手，例如商标、尺码放在衣架的外沿不锈钢夹子里，放置裁片的顺序为：（从外到里）左右前身和门襟放在第一格夹子中（门襟和右前身在一起），后身放在第二格中，第三格空着，第四格放半成品袖子，第五格放半成品领子和克夫，袋布放在最后的不锈钢夹子中。最后送入主轨道转下一道工位。

中间的流程，按照电脑设定的工序配置，每道工序加工完后，自动进入下一道工序。

检验：从衣架上拿下成品服装进行检验，如果发现质量问题检验工位可以通过衣架工作履历检测装置查询，返回到原工位上进行返修，同样的道理，各工作站中如发现裁片或前道缝制有质量问题也可以通过手动键盘输入送到检验工位进行质量判断后回到检验需要回到的工位。检验完成后空的衣架送到主轨道返回到上衣站，衣架上的数据系统自动保存后衣架数据初始化进入下一个循环使用。

（二）服装智能型吊挂生产系统的管理

服装智能型吊挂生产系统主要是从产前准备、设备配置、人员的培训（多能工的培训）、流水线的平衡等这几个方面来加强管理。

1. 产前准备

（1）面辅料是否到位；

（2）上线款式的技术要求、质量要求等是否明确和下达；

（3）上线需要的设备数量是否充足，调试是否到位；

（4）上线款式是否已经列出参照核定时间与车间员工的实际技能水平相结合的流水排布方案；

（5）员工是否进行了产前的培训；

（6）多能工的安排和培训是否已经到位；

（7）是否策划过使产品更快的产出、更经济的排布和流水方式、能更早的发现问题等。

2. 设备配置

服装智能型吊挂生产系统是采用的单件流的形式。在每个工位周转的时间有限，这就需要我们考虑到制约的主要因素，设备的维修和设备配置也是非常重要的，常规设备维修会比较简单，而且一般工厂用于调剂的设备也比较多和容易，而花式设备的维修就比较复杂，这就需要工厂在花式设备的配置上考虑到维修等直接因素，根据维修比率等因素计算出一个设备配置更换率，规定出在多少时间内没有修好的设备马上使用替代设备，保证流水线的正常运转。

3.人员的培训（多能工的培训）

培训是现代型企业必不可少的，学习型企业也是企业的长久生存之道。根据不同的类别我们要组织各种各样针对性的培训，多能工的培训是整条流水线的一个长期工作，是解决流水线瓶颈工序的重要手段和平衡流水线的主要方式。在多能工的培训和管理上我们在薪酬、精神鼓励等方面要多考虑和倾斜。

4.流水线的平衡

流水线的平衡是服装智能型吊挂生产系统成功的基础，主要可以从以下几方面来体现：

（1）消除不必要的浪费（修理时间浪费、返修时间浪费、动作浪费、搬运浪费、等待浪费、过早或过多生产的浪费、过高质量要求资源的浪费等）；

（2）消除瓶颈工序（设备调整、多能工的合理使用、人员的调配等）；

（3）培训（总结前面的、解决眼前的、策划后面的）；

（4）人的因素（人员的情绪问题）；

（5）目标和结果要公示（生产目标和生产结果要及时的告知和明确）；

（6）特别关注首站（上衣站）投入量和尾道工序的产出量（前推、后拉流水方式就是加大首站的投入量压迫式的向前推进来提高未战的出货量）。

第二节　服装三维人体测量设备

传统手工人体测量工具是软尺，对人体测量进行接触测量，可直接得到人体各部位横向、纵向、斜向、围度等的测量数值。测量方法简单、直观，长期应用于服装工业。当今世界比较认可的手工测量工具是马丁测量仪，对人体基准点、基准线进行测量，可测得标定点间的体表长、投影距离、周长、角度等，它测量准确，但相对复杂，多用于服装研究。由于人体外型结构复杂，因此增加了特征数据获得的难度。

非接触式三维人体计测技术以现代光学为基础，融影像学、计算机图形学、统计学等技术于一体，通过被测者周围的测试输入头，在瞬间完成周身测试，速度快。非接触式可避免被测者感到窘迫，尤其适合人体一接触就产生变形的特性，误差小；数据由计算机处理，精度高。对自动人体测量技术的研究，美国、英国、德国和日本等服装业发达的国家开始得较早，大致始于20世纪70年代中期，且提出了许多新的测量原理和方法。我国在这方面的研究开展得较晚，近十年我国的一些院校以及研究机构相继步入该领域进行研究。

一、非接触式三维人体测量的原理

目前非接触测量的主要方法是以人体扫描仪为测量仪器的三维人体自动测量。它弥补了常规的接触式人体测量的不足，使测量结果更加准确、可靠。三维人体扫描仪通过光学技术和光敏元件在无需接触人体的情况下，获得人体表面的形状数据。被扫描对象往往需要身着紧身内衣以便扫描结果更接近于人体的自然形状。人体扫描系统通常由一个到多个光源、一个到多个摄像或视频采集装置以及计算机系统等组成。其基本组成原理可分为结构光投影法，激光扫描和立体视觉三种，目前在全尺寸人体扫描仪领域的产品以前两种方法多见。

人体扫描仪能够获取人体表面曲面的立体形状的基本原理是依据测量装置所发出光线与人体、视频采集系统之间形成的三角关系。在测量过程中，待测对象站立于扫描单元之前，有些扫描仪产品会对双脚所站位置预先进行规定，同时要求两臂自然下垂，保持平稳正常均匀呼吸状态。在基于结构光投影的扫描仪扫描过程中，结构化的光栅被投射在人体表面，由 CCD 相机镜头将此时的影像拍摄下来，然后根据光学原理从光栅的变形特征计算出投影区域人体表面的三维点云信息。通常，为了获得人体前后左右所有的表面几何数据，这样由投影仪和相机构成的扫描单元需要在人体四周排放多个，或者扫描单元需要围绕人体运动，使得投影区域覆盖整个人体表面，此时，最终所得三维人体为多个扫描点集拼合而成。在基于激光扫描的扫描仪扫描过程中，随着机器的运动，大多数产品的扫描单元自上而下的对人体进行扫描，将激光投射在人体表面。在机构运动的每一步，CCD 相机镜头拍摄人体表面的反射图像，以数字格式存储。此时，从摄像头到被测对象之间的距离可以通过三角关系计算而得。在扫描完成之后，每一步扫描所得数据信息被汇总起来，就可以得到表示人体表面曲面形状的空间点云，然后通过软件算法，最终计算出完整的三维人体模型。

二、非接触式三维人体测量的技术特点

传统的接触式人体测量方法对于测试人员本身的技能有一定的要求，为了获得精确的物理测量结果，测试人员需要具备一定的经验和技能，不是普通的销售人员或者店员都能做到的。另外，其测量时间较长，所需时间约为每人 4h，需要耗费大量的人工。由于传统的测量方法是由人工进行数据测量和读取的，其测量的可重复性受测量人员的主观状态影响，不能保证数据测量结果的可重复性。与之相比，三维人体扫描技术可以在几秒钟之内获得大量线性及非线性人体测量数据，相对于传统的手工测量方法，能够更加精确地获取数据，同时具有良好的可重复性。由于人体扫描仪所测量的数据多以计算机可识别的数字化文件格式存储，可以方便整合到服装 CAD 系统中。特别是由于获得了三维人体的数字化模型，可以随时随地对人体模型进行测量。这是传统接触式测量方法无法达到的。

但是，三维人体扫描技术在实际应用中也存在着缺点与不足之处。相比于传统的手工测量工具，一般三维人体扫描设备的价格都比较昂贵。在投影不到或者扫描不到的地方，数据就会严重缺失，如头顶、腋窝、裆底和脚底等部位，需要通过软件方法加以填补。此外，头发、深色皮肤或紧身衣对光线的吸收，以及扫描过程中人体的自然微动等都会给测量结果带来误差。扫描仪直接采集的数据往往以点云的方式表达，为了生成光滑的人体模型，对于扫描所得数据往往还需要经过疵点滤波、表面处理等专门的计算机图形图像算法将其加工成为光滑的三维人体。软件算法的优劣直接决定了三维扫描仪产品的实际可用性和灵活性。目前对于各种点云进行后处理的商业软件主要有 Surfacer、Catia、Geomagic、UG 等。研究表明，结构光投影方

法往往比激光扫描方法的扫描速度快,但是,某些结构光投影方法的数据提取时间要比大多数基于激光扫描的扫描仪慢。总的说来,基于结构光投影的扫描仪需要更多的时间进行校准和数据处理。

三、非接触式三维人体测量的主要产品

国际上常用的人体扫描仪有 Telmat 的 SYMCAD、Turbo Flash/3D、TC2－3T6、TechMath－RAMSIS、Cyberware－WB4、Vitronic－Vitus 等。三维非接触式扫描系统具有扫描时间短,精确度高、测量部位多等多种优于传统测量技术和工具的特点,如德国的 TechMath 扫描仪在 20s 内完成扫描过程,可捕捉人体的 80,000 个数据点,获得人体相关的 85 个部位尺寸值,精确度为＜±0.2mm;美国的 TC2 通过对人体 4.5 万个点的扫描,迅速获得人体的 80 多个数据,可以全面精确地反映人体体型情况;英国的 TuringC3D 系统还可以捕捉表面的材质,对物体表面的色彩质地进行描述,在研究有标识的物体时非常有用。扫描输出的数据可直接用于服装设计软件,对人体进行量身定制。

(一)德国 VitusSmart 全身三维人体扫描仪

VitusSmart 原理是基于激光光学三角测量的原理,是当今最精确的无接触人体测量方式。测量设备由 4 根测量立柱组成,每个立柱的导轨上,安装有一个激光投射器和 2 台 CCD 摄像头组成的测量感应系统。主要应用于服装三维设计、服装三维虚拟试衣、服装量身定制、制服生产和库存管理、工效学研究、大规模人体基础尺寸调查、三维动画设计、三维雕刻、逆向工程、医疗体育等领域。

1. 主要特点

(1)无接触,激光光学方式精确测量:应用激光光学三角测量技术,保证了无接触测量人体的最高精度。VitusSmart 通过对前左、前右、后左、后右四个方向同时扫描,保证了 360°三维人体数据的获取;

(2)操作简单,自动化程度高:经过校准之后的扫描仪,操作非常简单。同时,100 多项人体关键尺寸,可以自动生成。尺寸标准符合 ISO7250、ISO8559、ISO20685 标准;

(3)测量环境不需要完全密闭:由于采用的是激光技术,测量过程中,自然光线(红光除外)对测量精度没有太多影响。测量室内不需要完全黑暗的环境。有利于减少被测者在黑暗环境中的紧张情绪,保证正常的测量姿势;

(4)被测量者不需要完全静止:由于采用的是脉冲激光发生技术,测量过程是由上到下截面扫描,所以在测量过程中,被测者的轻微移动,不会影响测量精度;

(5)激光技术安全可靠:采用的激光视对人体无害的激光束,安全等级达到欧盟安全一级水平,经过了美国 FDA(联邦食品药品管理局)及欧盟 TUV 安全认证。

2. 主要技术规格

VitusSmart 的主要技术规格见表 4－4。

表 4－4　VitusSmart 的主要技术规格

项目	规格
测量原理	光学三角测量,激光光束,对眼睛无害
测量感应器	8 只
扫描范围:高度 深度 宽度	2100mm 1000mm 1200mm
精确度	平均围度误差＜1mm (110mm 直径,2100mm 高的立柱,环境温度 15℃～30℃)
测量时间	标准 12s
测量的点:最多 标准 点密度	1,276,800 个点 约 550,000 个点 27pts/cm² (标准)
扫描仪尺寸:高度 深度 宽度	2950mm 2200mm 2200mm
占地面积	4.84m²
总重量	250kg
电源供应	230V/50Hz 115V/60Hz
功率消耗	420VA
输出格式	ASCII、OBJ、STL(ASC and Binary)、DXF、Openinventary

（二）法国 SYMCAD 全身三维人体扫描仪

　　法国戴尔玛特公司(TELMAT)的 SYMCAD II 全身三维人体扫描仪的使用简单,功能自动和有趣。它具有自动定位控制系统,以及一个欢迎顾客进入舱室的综合语音系统,帮助顾客找到理想的位置后,自动激活测量程序。

　　1. 主要特点

　　(1)采用数字白光投射技术:100 ％ 安全、高分辨率、稳定(无移动部件)、维护成本低、操作简单;

　　(2)系统可移动性:便携式箱体或可移动式箱体;

　　(3)精度校准操作简单,容易使用:全自动精度校准时间只要 10 s,操作简单,无须特殊的技能捕获时间短,不受人体移动影响,保证了测量的准确性三维捕获时间。

　　2. 主要技术规格

　　SYMCAD II 的主要技术规格见表 4－5。

表 4 - 5　**SYMCAD II 的主要技术规格**

项目	规格
准确度	±2mm(当测量标准周长 1000mm 的物体)
数据获取时间	0.04s
整体数据处理时间	＜ 30s
数据格式	IV,VRML(3D)－ASCII(测量)
文件大小	＜ 200kB
体积	1.6m×3.07m×2.35m
重量	50 千克(excl.booth)
电力要求	1kW/6A

第五章 服装生产设备配置

在现代服装工业运作中,服装生产设备配置起着相当重要的作用。合理配置设备不仅使服装生产能够做到高效、优质、低耗,而且还有利于服装工艺的设计与工艺改革。

服装款式的变化与创新,其中就包括缝纫形式的创新与缝纫工艺的改革。因此,科学合理地配置各类专用设备,对增加服装的花色品种、确保产品质量、提高产品档次及参与市场竞争都具有重要意义。

第一节 服装生产设备配置概述

一、服装生产设备配置的概念

服装生产设备的配置,从企业整体上可以理解为全厂设备的配置。比如年产××万件西服、年产×××万件衬衫或年产×××条西裤的工厂,这些企业各部门的设备应该如何配置?依据裁剪车间的工作量,确定拖布机、电剪机、电带刀的配置,缝纫车间的包缝机、高速平缝机、套结机、双针车、链条车及各类专用设备的配置,锁钉车间、熨烫车间、包装车间等部门的设备配置。要使这些部门的设备配置能够做到科学合理、物尽其用,既没有多余也无不足,使其能够正常地运作在流水作业之中。

从服装行业习惯上的理解,在缝纫车间是对平缝机的配置。高速平缝机是缝纫车间的基本设备,服装工业最初的主要设备就是平缝机,除此以外的作业,大多靠手工来完成。为了适应服装款式上各种缝型的需要,或是为了提高工序的工作效率,手工作业已无法满足正常的生产需求,专业设备的配置就成为必须。比如某服装厂生产一批出口的童裤,每条裤子需要打套结 50 多个,显然不配置专用套结机生产就无法继续,但配置多少就需要按实际生产量及套结机的功能来配置。有时即使是高速平缝机,对某些工序来说也有不尽人意的时候,比如,生产睡衣衫裤腰头装橡筋工序,按工艺要求,同时要缉四条线迹,用高速平缝机逐条缉线,要来回四次,且很难保证四线间距均匀、平服顺直,如果使用四针车装橡筋,则可以一次完成,且可保证线距均等、松紧适度。各种功能的专用设备,无论以何种形式进行配置,都是推动服装工业发展的重要因素。

二、服装生产设备配置的起源

从设备发展的趋势看,服装设备配置可以理解为是因需而生。因为有需要,所以才会有设备配置的诞生。

首先是源于服装生产技术进步的需要而进行设备配置。在人类文明历史的长河中,服装一向被认为是手工穿针引线的产物。自从 100 多年前第一台缝纫机诞生后,它就受到了裁缝们的喜欢。随后缝纫机就得到了很快的发展,从勾针链条式缝纫机发展到锁式缝纫机;从"15"型家用的缝纫机发展到"44"型、"5-1"型及"96"型工业缝纫机。虽然这些工业缝纫机都属于中速缝纫机,但是在当时都明显地比"15"型家用缝纫机表现出了更多优点。随后又发展到了高速平缝机。

其次是源于缝纫机工业的高速发展。为了适应服装工业的高速发展,部分手工作业,比如锁眼、钉扣、套结、绷花、三角针、扎驳头等均需要花大量手工作业的时间,影响了服装成衣生产发展的速度,而且质量也难以保证。为此,服装机械工业就发明了不少可以替代手工作业的专用设备。这些专用设备与高速平缝机的默契配合,就形成了服装设备配置的课题。

最后是源于服装文化和服装艺术水平的提升。随着服装文化进入高等学府,服装的造型设计、结构设计与工艺设计就成为学术界关心的课题。服装设计、生产过程中的文化与艺术元素,也被越来越多的人们所关注。为此服装生产已不再是简单的裁剪与缝制。为了应对其生产工艺的难度,各种功能专用设备的配置应运而生,也就从中体现了各专用设备的优越性与设备配置的必要性。

三、服装生产设备配置的作用

在服装工业生产中,服装生产设备的合理配置对提高生产效率、确保产品质量、增加花色品种、减轻劳动强度、降低生产成本等,都起到了相当重要的作用。具体作用如下:

1. 提高服装生产效率

在西服最初从西方进入我国时,做一套西服需要一周工时,按每天 8h 工作制计算,做一套西服要花 48h 才能完成。随着服装专用设备的不断完善,手工作业大多被专用设备所替代,西服生产效率逐年提高,从最初的 48h 做一套西服,下降到 20h、10h、5h。目前比较先进的西服生产流水线,每两个多小时即可完成一套西服的生产,比最初的工作效率提高了 20 多倍。

男衬衫的生产效率也是如此。从最初生产每件男衬衫需要 70 多分钟,经过专用设备的配置,提高了机械化的生产水平。到目前为止,比较先进的衬衫生产水平,每件男衬衫的生产工时只需 20 多分钟。

女装、童装、睡衣、牛仔及其他服装,在配置了专用设备以后,也都有很大程度的提高。目前比较先进的服装生产流水线,已经可以做到没有一道工序需要使用手工针线来作业。

2. 确保产品质量

从目前的生产现状来看,凡是配置了专用设备的生产流水线,在产品质量上都有很大提高。比如西服大袋口用了自动开袋机后,原来常见的袋口嵌线粗细不匀、袋口大小不一、袋口豁开、袋封口毛出等质量缺陷就再也没有发生过。又比如用专用机器锁眼,就不再有扣眼毛出、大小不均等质量缺陷。西裤后档缝与下档缝采用单针链条车以后,加固了后缝的牢度和伸缩性,后缝就不再容易绷裂或断线。用双针车缝双止口,就不再会发生止口宽窄不均、线距不匀等缺陷。用缝止口的专用机器缝西服门襟止口及袋盖止口,就不会有止口间距大小不等、线路不直顺等缺陷。这些都显示了配置专用设备和工具来替代手工作业,对确保产品质量起到了相当重要的作用。

3. 增加服装的花色品种

服装造型设计、结构设计与工艺设计的效果,都要经过服装的缝纫技术来表现。专业设备具有各种独特的功能,解决一般平缝机不能替代的工艺方法。比如生产裙装上的打折工艺,采用"打折定型机"整齐又规范。如果用手工打折,就很难做到裥面均匀,平整自如。又比如有些夹克衫的后衣片刺绣大面积的图案,采用"单针上链式刺绣机"就可以达到较好的画面效果。还有不少专用设备,比如长臂式连锁缝纫机、长臂双针连锁缝纫机、高速之字形缝纫机、高速装饰针迹缝纫机、双针双线链式缝纫机等。这些专用设备都可以利用它们独特缝纫技术来增加更多服装的花色品种。

4. 减轻劳动强度

在流水线上配置专用设备,不仅能提高工作效率,保证产品质量,而且有利于减轻劳动强度。比如采用自动开袋机开袋,只需对准袋位,把衣片与袋嵌线放好即可。如果是手工开袋,则需要放嵌线、缉嵌线、剪开、滚嵌线条、封袋口五个动作。吊挂式自动传送装置,可以把缝纫工位的在制品,一道道往下传,然后送往熨烫车间、包装车间,所有在制品移动都不需要人为搬动;西服胸衬的熨烫是比较重的体力活,劳动强度较高,如果采用模具定型的熨烫装置,可以大大减轻操作工人的劳动强度。

5. 降低生产成本

服装生产设备的合理配置,从已经形成的经济效益来看,有利于降低生产成本。主要表现在三个方面:一是从明显的生产效益分析,其生产成本会有较大的降低;二是降低了质量成本,产品一次合格,无需返修,其质量成本的付出会下降很多;三是降低材料成本,由于采用了专用设备,裁剪的生产过程可以做到拖布起手裁齐、布边对齐、落手剪齐、节约用料。又由于生产过程有专用设备的保证,很少会动用剪刀去开袋、修毛边、修线头,降低了生产过程的人为调片率。半成品的传递,是吊挂式运输,也不会因人工传递弄脏成品而调片。

6. 简化作业技能

服装工人一向被认为是手工艺人,即作业工人需要具备一定的作业技能。按职业技能鉴定标准规定,服装工人设初级工、中级工、高级工、技师、高级技师等。在生产岗位上,按技术的难易程度对号入座,时常会因为中、高级技术工人紧缺而成为生产人员安排中的一个难题。服装生产专用设备的配置,不仅提高工作效率,确保产品质量,而且简化了作业技能。从现代服装设备发展的规律看,设备越先进,其作业技能就越简便;设备越专业,它的功能也就越先进。比如双止口部位的作业,用高速平缝机操作很难做到缝线顺直、线距均等;而用双针专用设备作业,两线间距肯定是均等的。又比如:做裤腰串腰襻,用专用设备操作也同样可以做到两线距均等。这样就比较有利于企业操作人员的统一安排与使用。

四、服装生产设备配置的管理新思路

在服装生产过程中,其设备的配置,始终处于一种动态的状况下,无论是服装生产设备的全面配置,或是为高速平缝机配置专用设备,其需求随时都有变化的可能。服装市场瞬息万变,在时尚、流行、新款层出不穷的情况下,企业难以应对如此频繁变化的新情况去购置新设备,为此不少企业特别是尚未形成规模的小企业,只能采用手工作业去替代专业设备的配置,这样不仅影响服装的生产效率,而且也会影响新款的质量水平。为此,专业设备的配置是行业中长期难以解决的课题。笔者认为在改革开放的形势下,必须开发新思路,构思新办法。利用行业集体的力量,解决企业个体的困难,成立松散型的服装专业设备租借中心,设备为出资者所有与保管,企业把暂时不用的设备实行有偿租用。具体办法如下:

(1)行业设备信息联网,实现信息共享、资源共用。生产企业的高度平缝机或为其配套的专用设备,都会有运作间隙处于闲置的状态,少则数月,多则数年,每个企业都有类似的情况,只不过程度不同。而一些急需使用的企业,却求助无门。如果行业能够牵头或自行结伴,进行互助,则既可解决设备的紧缺,又可以使闲置的设备发挥应有的作用。

(2)有偿借用,互通有无。企业之间设备借用实行有偿租借,依据设备的经济寿命与技术寿命及各类设备的紧缺程度,行业可以自己制定租金标准,其租金的内容应该包括设备的折旧费、维修费、日常管理费、租金等。

(3)设备的租借与管理。行业可以制定设备的租借与管理的若干规定。其内容应包括:借处与归还时的检查与验收;设备的保养与维修的责任制;设备的改造与更新;设备的损坏与赔偿细则;设备租借时费用的结算方法等。

除依靠行业的力量,企业本身也要依据本企业的发展规划,在财力许可的情况下,有计划地配置必要的专业设备。尽可能不要轻易用手工作业来替代专业设备的倒退做法。

第二节　服装生产设备配置的发展与特征

服装生产设备的配置与人世间其他事物一样,都会有一个起源、发展与成熟的过程,在这一过程中所表现出的独特内涵便是本文要论述的特征。

一、20 世纪 50 年代服装设备配置的特征

20 世纪 50 年代是服装工业初步形成的年代,1949 年全国解放以前,服装行业除了少数几个军用被服厂,在民间几乎无工业可言。大多数以个体小作坊的生产形式挤身于社会。解放以后,政府组织服装行业的失业工人成立了生产合作社,进行生产自救。1956 年又对有五位职工以上的小企业进行合并重组,进行社会主义改造(公私合营)。这样才形成了初具规模的服装工厂,这是我国服装工业的初级阶段。这一时期的服装生产设备配置有如下特点。

1.自力更生,艰苦奋斗,土法上马,因陋就简

服装工业形成初期,大多企业还是延用"15型"家用缝纫机。为了提高缝纫速度,为"15型"缝纫机安装了电动机,拆除了脚踏装置后,把8—10部缝纫机面对面的排成一组。电动装置由电机带动一组轴承作为一组缝纫机的动力。后来又改用国产的"44型"、"5—1"型及"96型"中速工业缝纫机。

专业设备的配置在20世纪50年代等于零,为了满足各种缝型的需要,服装企业自己动手设计和制造了一些简单易做,但切实有效的小工具。确切的说,这一时期的服装设备配置是服装生产小工具的配置。

服装企业自制的各类设备改装工具示意见图5—1~图5—4:

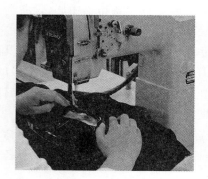
图5—1 领脚固定

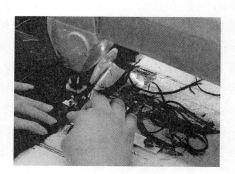
图5—2 废料收集板

图5—3 牵带固定装置

图5—4 精裁台

2.用简陋的设备生产高档次的产品

1956年上海成立了上海服装进出口公司以后,主要贸易对象是前苏联。这不是可以创汇的贸易单位,而是为了偿还在50年代初抗美援朝期间,所使用前苏联提供的武器,其费用全部由我国来支付。当时我们新中国成立不久,经济实力比较薄弱,国家也没有外汇,只能以实物折价来还债。政府组织了一批羊毛,由上海毛纺厂生产高档的华达呢和凡立丁毛料,又由上海初具规模的服装厂,生产全毛的西服与大衣,出口苏联偿还债务。从1958年开始生产,直至1962年还清债务为止,整整生产了5年。

3.服装需求简朴,发展服装生产缺少动力

20世纪五六十年代,由于政治于经济的原因,人们衣着款式单一、设计落后、工艺简单,社

会上千篇一律的是中山装、列宁装、军便装;在色彩上是蓝、白、灰。有些青年想摆脱这种约束,把领尖做得长一些、裤脚管做得小一些,这些都会被认为是"奇装异服"而受到指责。受这些因素的影响,在服装生产过程中专用设备的配置也就显得不那么重要了。特别是在 1959~1961年的这三年自然灾害时期,物资奇缺,最困难时每人每年只发 2 尺半布票,一家人也难以做件新衣服,为此当时流传"新三年、旧三年、缝缝补补再三年"的说法也就不足为奇了。在这种大环境的影响下,服装设备配置自然不会受到应有的重视。

二、20 世纪 80 年代服装设备配置的特征

20 世纪八九十年代,我国改革开放已初见成效,这是我国民营服装工业大发展时期,享受着计划经济时期没有过的优惠政策。企业可以自主招工,招收企业需要的技术骨干;服装的销售价格不再由物价局来核价,而是由市场来决定服装的价格;企业工人的工资也可以依据其技术水平来自主决定工资多少;企业有权选择本企业的经营方向,外贸、内贸、加工或经销全由自己决定;企业可以依据自己的经济实力,选购相适应的生产设备;生产材料也无需统配,由企业自主选择与生产方向相适应的品质优良、价格适中的原辅材料。由于政府政策的优惠,在这一时期孕育了一大批民间服装企业,形成了在这一时期服装设备配置的特征。具体表现如下:

1. 不同生产设备的服装企业在同一跑道上竞争

在服装生产大发展时期,企业的生产设备配置出现了较大的差距,不同生产装备的服装企业在同一跑道上竞争。参与者主要有三种不同性质的企业。

一是村办企业。由于长期受计划经济的约束,只能为国营服装企业做加工任务,没有经营自主权,成为一个长不大的企业。但是这些企业在加工过程中积累了一定的技术人材与生产管理经验,当改革开放的政策一经实施,这些企业就一跃进入了跑道,成为了领跑者。

二是原国营企业。服装生产设备配置良好,由于长期受计划经济的指导,养成了"一切听从命令,服从指挥"的管理习惯;政策放宽以后,不知如何带领职工进入"中国特色社会主义市场"的跑道,左观右望,失去了良机;再加之国营企业经营管理人员频繁调动,影响企业经营管理的连续性,处于停滞不前的状态。

三是一些业外人士,见服装发展如此之快,即改换门庭办起了服装工厂,但由于起步仓促、设备简陋、技术基础薄弱,又无生产管理经验,经过一段时间后大多败下阵来。

据笔者调查,在服装业已初具规模,且生产设备配置良好的企业中,有 70% 来自原来的村办企业,目前已成为服装行业的支柱企业。

2. 服装生产企业设备配置差距较大

这一时期的服装生产企业,在生产设备配置方面也同时存在较大的差距,具体表现为三种类型:一是新开办的小型服装企业,由于缺乏经济实力,企业设备简陋,近似于服装业六七十年代的装备水平。二是原属于国营的服装生产企业,虽然原设备配置较好,但是由于对改革开放后的市场经济不能及时适应,发展缓慢,在设备配置方面止步不前。三是原属村办、乡办的服装企业,在改革开放以后发展较快,专业设备配备齐全,不少企业还在服装设计方面配置了服

装 CAD,在裁剪方面配置了 CAM 电脑自动裁剪。有的企业还使用了先进的吊装传送装置。

三、21 世纪初服装设备配置的特征

21 世纪初不少服装企业,可以用"羽翼丰满"来形容也一点不为过。经过改革开放 30 多年优惠政策的扶助,不少初具规模的服装企业已发展成为集团公司。服装设备的配置已达到历史最好水平。其特征具体表现如下:

(1)严格检测手段。用现代科学手段对原辅材料进行检测把关。已上升为集团的大型服装企业都装备了自己的检测设备装置。具体检测项目有:纤维含量、甲醛含量、干洗尺寸变化、干洗后起皱级差、耐洗色牢度、耐皂洗色牢度、耐水洗色牢度、耐干摩擦色牢度、耐湿摩擦色牢度、耐光色牢度、起毛起球测试、缝口纰裂测试、粘合衬剥离强度、面料撕破强力、PH 值、可分解芳香胺类染料及面料异味等技术指标的测试设备与测试能力。这些可让企业从源头上把好质量关。

(2)应用电脑设计。在产品设计方面采用了电脑图案设计、电脑色彩设计;在结构设计方面也使用服装 CAD 进行设计与制图。

(3)应用 CAM 电脑裁剪。在裁剪方面,大多集团企业已摆脱了手工裁剪的作业模式。还有不少企业采用把服装 CAD 绘制图与排料的技术数据转换给 CAM 装置,实现了画样、拖布、裁剪全部摆脱了手工作业,使服装裁剪作业达到了国际标准。

(4)缝纫手段现代化。在做领、绱领、做袖装袖、做袋开袋等工序都配置了现代化的专用设备,一些双止口、三线止口及多针缝纫的工序都配置了双针或多针的专用缝纫机。锁眼、钉扣、叠缝、绞底边、绞袖窿等手工作业全部使用机器代替,整条生产流水线已不见手工作业。

(5)熨烫设备的多元化。现代服装企业的熨烫设备实现了多元化。比如衬衫、西裤平面烫,女时装主体烫,西服、大衣模型烫。它不仅省力、省时,而且保证了熨烫质量,消除了烫黄、烫坏的现象。

(6)整理包装车间,采用自动打包装置,做到了快速、安全、便捷,堆放整齐,方便移动。

(7)企业内部各车间、各工序半成品与成品的传递,也不再是靠人工搬动,而是采用挂吊式定时、按节拍的自动传递,避免半成品与成品在传递过程中弄脏弄乱。

第三节　服装生产设备配置的主要依据

服装生产设备配置的方向是为企业发展生产、增加服装的花色品种、提高服装档次、创造服装优质产品服务。服装属于具有实用价值又具有艺术与文化欣赏价值的时尚产品。服装是在色彩、款式、结构、工艺方面不断创新的产品。为此,服装设备配置必紧随服装设计配置相适应的设备。

下面主要讲解的是依据服装缝型设计配置设备、依据服装生产发展配置设备、依据服装工艺设计配置设备等三个方面的内容。

一、依据服装缝型设计配置设备

1. 缝型

即缝纫的形式,指由一系列的线迹或线的形式与一层或数层布料相结合的型式。缝纫型式的形成,是为了将平面的衣片通过缝纫组合成为符合人体的主体形状的服装,不同部位的缝纫,展现了不同部位的缝型,使服装不仅具有实用价值,而且具有一定的审美价值。

缝纫线和缝纫型式是缝制的基本要素,是服装制造领域中的基本课题。目前,世界各国对线迹和缝型都有自己的标准。我国在这方面起步较晚,在 1994 年发布了纺织行业 FZ/T8003—94《纺织品与服装—缝纫型式—分类和术语》。作为国际标准化机构 ISO,在各国标准的基础上制定了线迹和缝式(型)的国际化标准。

自从 1945 年发明了缝纫机以后,使用机针和线将布料缝合的技术就成为缝制服装的主要手段,虽然目前已经出现了粘合技术以及采用无线高频缝纫机和超声波缝纫技术将布料结合在一起的技术,但是从批量生产的可行性和服装的实用性角度考虑,用针线缝纫的方法还将是缝纫的主要手段。

2. 缝纫的分类

我国现行纺织行业标准,根据缝纫部位的实际需要以及缝纫的层数"边限",缝纫可分为 8 个大类,可以变化成为 285 个缝纫形态。

(1)第一类缝纫型式至少要两层缝料来形成,且两层缝料的一条边限在一侧。任何组成类似两者之一的缝料或在两侧都有边限的都属于此类。

(2)第二类缝纫型式至少要由两层缝料来形成,且这两层缝料各有一条边限,其中一层的边限在一侧,另一层的在另一侧,两层布面不在一个平面上,边限对向互相重叠。任何组成类似两者之一的缝纫或者两侧都有边限的都属于此类。

(3)第三类缝纫型式至少要两层缝料来形成,且一层的一条边限在一侧,另一层两侧都有边限,并骑跨着前一层的边缘。任何组成类似其中的都属于此类。

(4)第四类缝纫型式至少要由两层缝料来形成,且一层的一条边限在一侧,另一层的边限在另一侧,两层缝料在同一平面相对。任何缝料一侧有边限的或两侧都有边限的都属于此类。

(5)第五类缝纫型式至少由两层缝料形成,且一层两侧都有边限,另一层两侧都无边限。

(6)第六类缝纫型式仅由一层缝料形成,且只在一侧有边限。

(7)第七类缝纫型式至少由两层缝料形成,其中一层在一侧有边限,其他缝料的两侧都有边限。

(8)第八类缝纫形式至少要由一层缝料形成,且缝料两侧都有边限,其他缝料的两侧也有边限。

285 种缝纫形态可以变化成为数百种缝型符号。我国纺织行业标准就介绍了 550 种,由于缝型变化无穷,其术语只能用数字来替代。每个缝纫型式由一组 5 位数来表示:第一位数(1~8)表示八大分类;第二第三位数字(01~99)表示缝料的不同构成形态,第四第五位数(01~99)表示机针的穿刺点的位置、穿刺途径及缝料构成形状的横截面。比如 2.04.05,其中"2"表示第二大类,"04"表示缝料的不同构成形态,"05"表示机针的穿刺位置与途径(见表 5-1)。

　　服装生产企业学习与了解缝型形态表现形式,是为了预先做好其专用设备的配置,从表5-1中八大类缝型可以看出,每家企业的大类产品,比如西服、大衣、衬衫、西裤,都会有该产品常用的缝型。专用设备的购置或租用都会有一个工作周期,了解本企业常用的缝型,可以预先做好本企业专用设备的配置工作。

表 5-1　缝型状态表现形式

类别	缝型构成形态	缝型形态表现形式及代号			
第一类	1.01	1.01.01	1.01.03	1.01.02	1.01.05
第二类	2.04	2.04.01	2.04.03	2.04.05	2.04.07
第三类	3.05	3.05.01	3.05.12	3.05.06	3.05.11
第四类	4.07	4.07.01	4.07.02	4.07.03	4.07.04

续表

类别	缝型构成形态	缝型形态表现形式及代号			
第五类	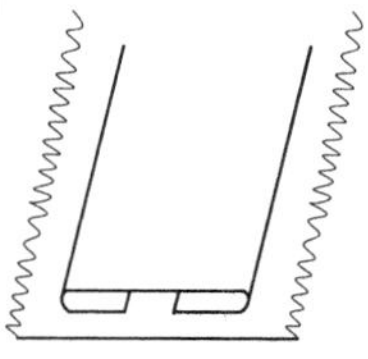 5.06	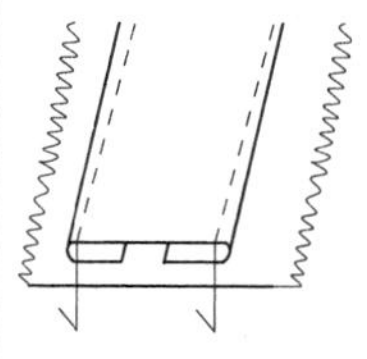 5.06.01	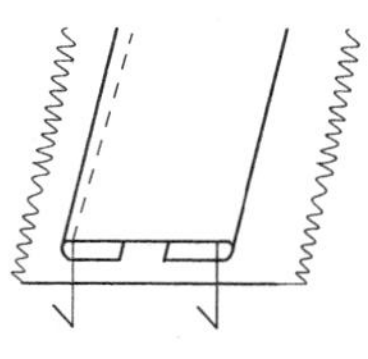 5.06.02	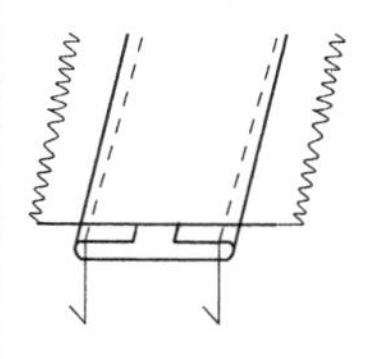 5.06.03	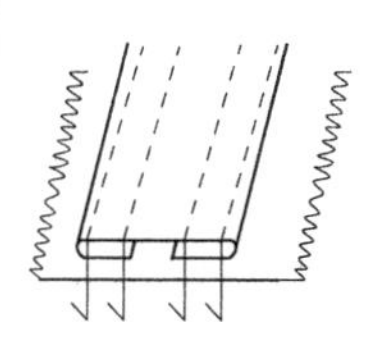 5.06.04
第六类	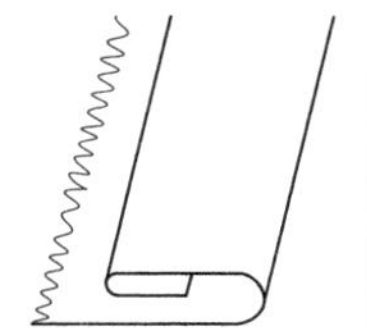 6.03	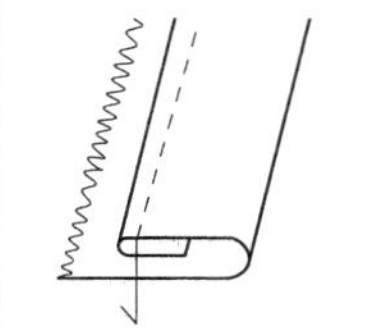 6.03.01	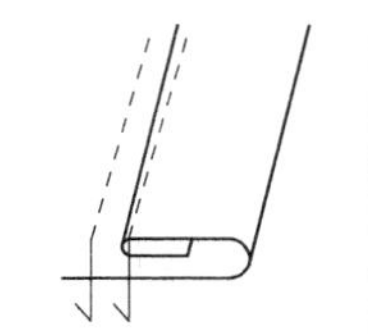 6.03.02	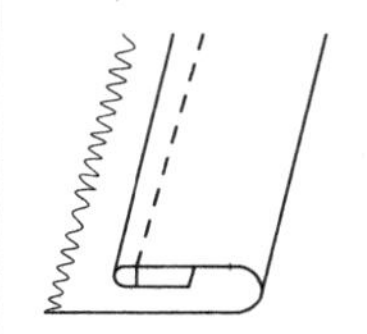 6.03.03	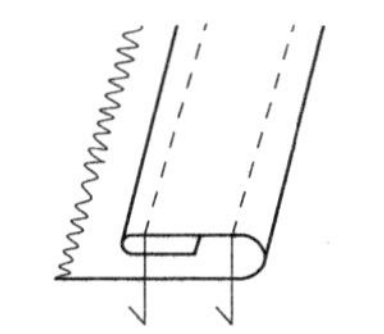 6.03.08
第七类	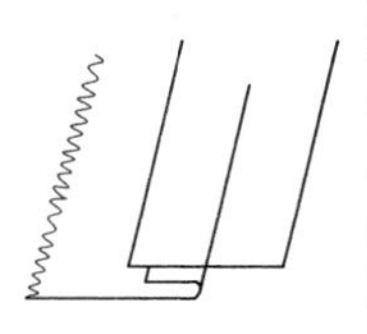 7.12	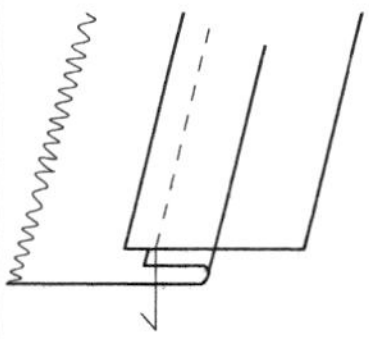 7.12.01	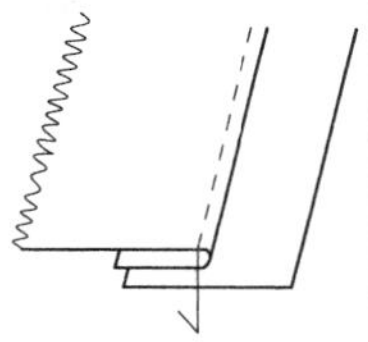 7.12.02	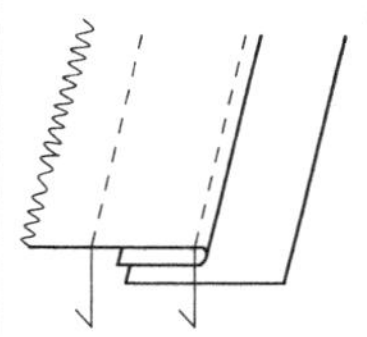 7.12.03	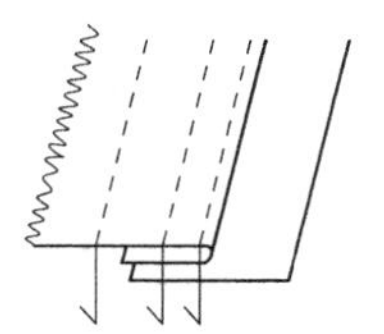 7.12.05
第八类	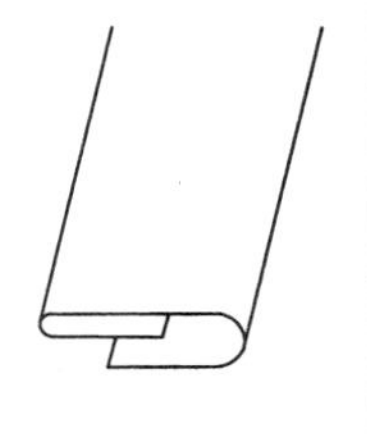 8.03	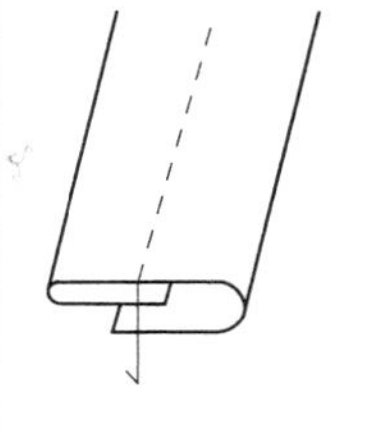 8.03.01	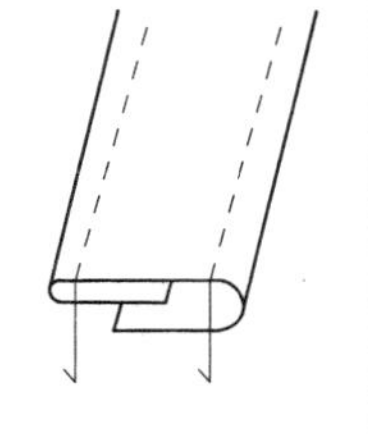 8.03.02	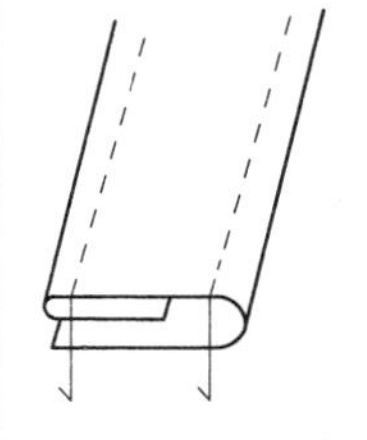 8.03.06	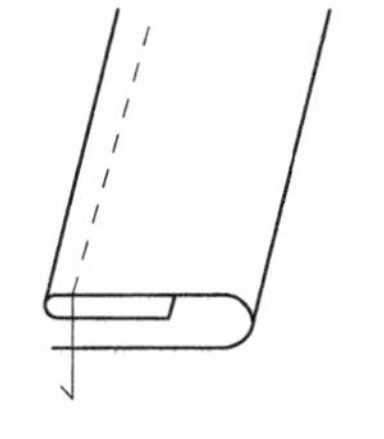 8.03.04

二、依据服装生产发展配置设备

企业扩大生产或新建成衣车间,该如何进行设备配置?

例一:某企业要扩建年产 12 万条西裤的车间,请模拟设备配置。

计划:

(1)人均日产西裤 16 条;

(2)每组 10 人,组建三条生产线;

(3)日产西裤 480 条;

(4)按每年 250 个工作日计算,年产量为 12 万条。

要求:设备配置

(1) 高速平缝机 20～22 台;

(2) 专用设备:绛裤腰串带祥机、带刀高速平缝机、电脑自动开袋机、单针链条车、套结机、圆头锁眼机、粘合机、三线包缝机、三自动电脑车及其他专用设备等共 12 台;

(3) 烫台:三台(其中吸风烫台 1 台)。

例二:某企业要扩建年产西服上衣 9 万件的车间,请模拟设备配置。

计划:

(1) 人均日产西服 316 件;

(2) 组建百人流水作业;

(3) 日产西服 360 件;

(4) 按每年 250 个工作日计算,年产量为 9 万件。

要求:设备配置

(1) 高速平缝机 45 台,三自动电脑车 8 台;

(2) 专用设备:粘合机、电脑自动开袋机、缩袖机、敷衬机、叠缝机、三角针机、圆头锁眼机、钉扣机、扎止口机等共 20 台;

(3) 工作台 10 台;

(4) 熨台 17 台(含吸风熨台)。

例三:某企业要扩建年产 25 万件男衬衫车间,请模拟设备配置。

计划:

(1) 人均日产男衬衫 22 件;

(2) 组建 45 人生产大组;

(3) 日产衬衫 1000 件;

(4) 按每年 250 个工作日计算,年产男衬衫为 25 万件。

要求:设备配置

(1) 高速平缝机(含高速自动切线平缝机)23 台;

(2) 专用设备:缝门襟车　筒式双针链条车、高速带刀平缝机、高速双针链条机、五线包缝机、领角定型机、平头锁眼机、钉扣机等专用设备共 14 台;

(3) 烫台(含吸风烫台)16 台。

三、依据服装工艺设计配置设备

为了增加服装的花色品种,设计人员往往在同一个部位可以设计出不同的缝型。为此需要配置相适应的设备。

例一:男衬衫合袖摆缝工艺(见表 5-2 衬衫袖摆缝的四种工艺)

表5-2　衬衫袖摆缝的四种工艺

缝型形态	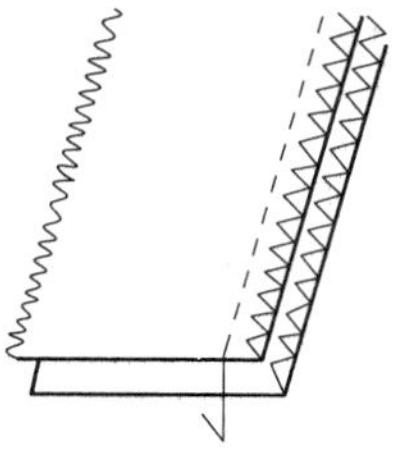 图1	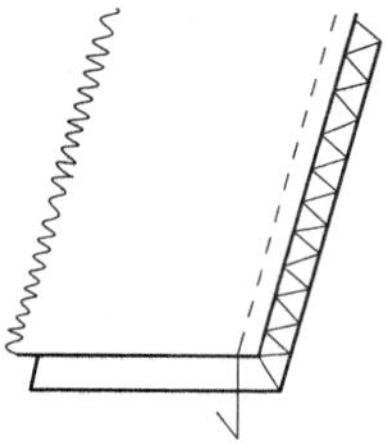 图2	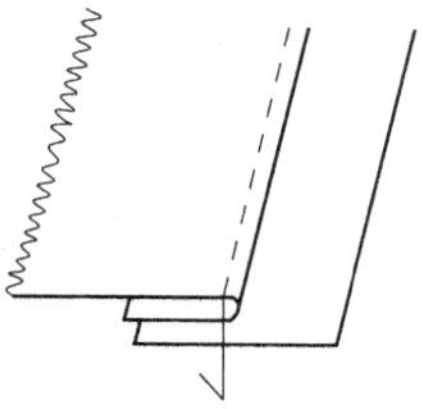 图3	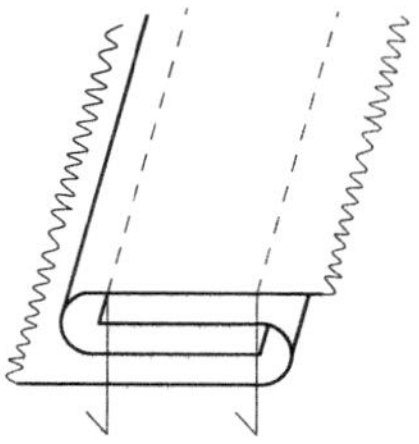 图4
缝型数字	1.01.05	1.01.02	7.12.02	2.04.03
设备配置	三线包缝机 高速平缝机	五线包缝机	高速平缝机	筒式双针 链条车

注:图1—前后衣片袖摆缝,先用三线包缝机包缝,然后用高速平缝机合缝。

图2—前后衣片袖摆缝,采用五线包缝机一次成型。

图3—经五线包缝机包缝后,从正面坐倒缝压,用高速平缝机缉0.1cm清止口一道。

图4—前后衣片袖摆缝,采用筒式双针链条车缉双止口外包缝。

例二:服装上衣底边工艺(见表5-3上衣底边缝制常见的四种工艺)

表5-3　常见的上衣底边缝制四种工艺

缝型形态	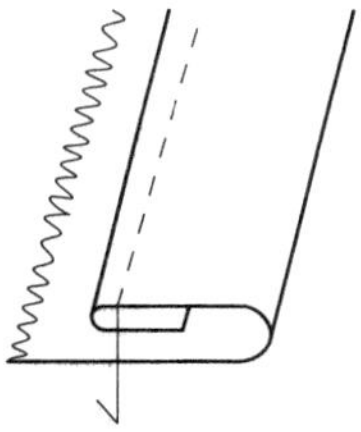 图1	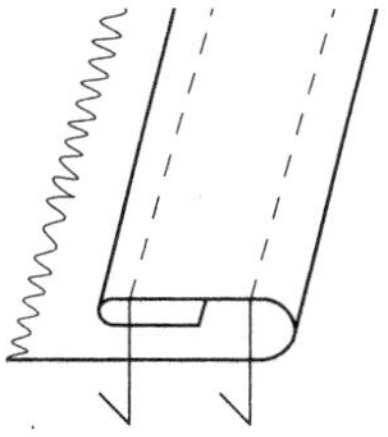 图2	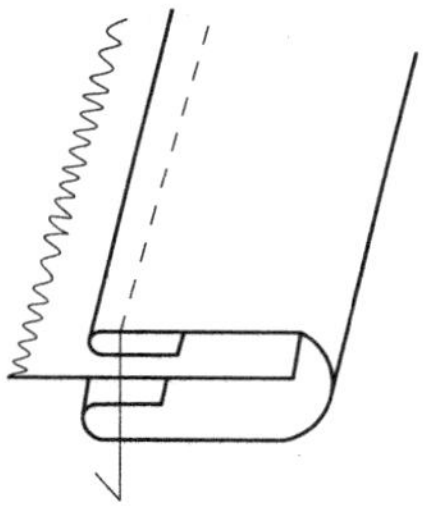 图3	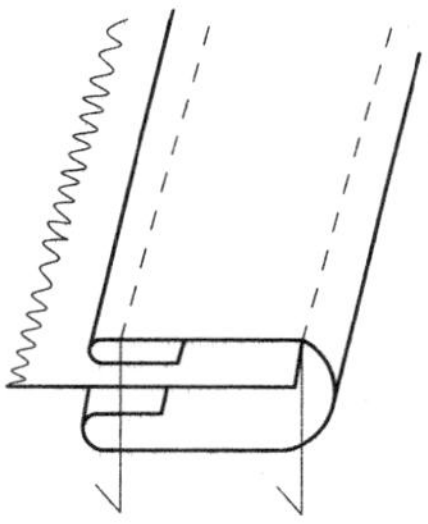 图4
缝型数字	6.03.01	6.03.08	3.05.01	3.05.12
设备配置	高速平缝机	高速双针车	0.4cm 滚条车 绞边机	0.8cm 滚条车 绞边机

注:图1—用高速平缝机带卷边装置卷边。

图2—用高速双针机带卷边装置卷边。

图3—先用滚条车滚0.4cm滚条,再用绞边机固定。

图4—先用双针滚条车滚0.8cm滚条,再用绞边机固定。

第四节　服装生产设备配置实例

在本章第二节中已经论述了服装设备配置的发展可以分为三个阶段,但就目前情况看,发展不平衡的现象依然存在。为此,从实际情况出发,为适应大多数读者的需求,本文以设备配置现状为主题作为实例介绍。

服装行业的每个生产部门都存在设备配置的问题,但是缝纫车间是服装企业的主体,而且也是设备配置最多的一个部门。为此,本文选择服装缝纫车间的主要工序设备配置作为实例介绍。设备配置实例中所配置的序号,仅为本文实例介绍所用,并不是生产流程中的程序。因为生产流程涉及到产品具体的生产工艺、生产人员的技术水平及具体的设备装备等多种因素,且不是本文的主题,特在此作一说明。实例中所涉及的生产设备,为避免作广告的嫌疑,在文中只提供设备的名称与功能,不提供生产厂家的厂名及其企业编制的产品型号,使读者及使用单位有更大的选择余地。

一、男衬衫

1. 男衬衫款式图(见图 5-5)

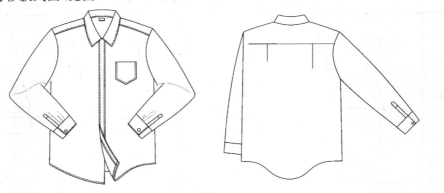

图 5-5　男衬衫款式图

2. 男衬衫主要工序设备配置(见表 5-4)

表 5-4　男衬衫主要工序设备配置一览表

序号	工序名称	工艺操作与质量要求	设备配置
1	上领面粘合衬	粘合平服、牢固,不起泡、不起壳、不渗胶	粘合机
2	合上领	里外匀适度,部位准确	高速平缝机
3	修领夹缝,翻领	修领夹缝,将上盘领尖翻出,领尖突出、整洁	翻领机(工具)
4	压领尖	将领角热定型,长短一致,两领尖对称	领角定型机
5	缉上领止口	止口顺直平服,宽窄一致	高速平缝机
6	粘下盘面子衬	粘合牢固平服,不起泡、不起壳	粘合机

序号	工序名称	工艺操作与质量要求	设备配置
7	下盘面子热定型	定型平服、准确	领子定型机
8	切上领下口	切缝准确，左右对齐	切缝机
9	缉下盘一道线	止口顺直平服，宽窄一致	高速平缝机
10	夹上领	领上盘夹进领下盘机缉缝合	高速带刀平缝机
11	烫上领	平服、整齐	烫台
12	翻下盘	平服、整齐	烫台
13	卷缉门襟	将门襟装在前衣片上，止口平服整齐	卷缝门襟车
14	缉里襟	缉缝顺直、平服	高速平缝机
15	烫胸袋贴边	扣袋贴边宽窄一致	烫台
16	钉胸袋	袋袋端正，止口清晰，缉线平服，袋位准确，整洁牢固	高速自动切线平缝机
17	卷缉后过肩	将后过肩缉在后衣片上，松劲适度，后领居中	高速平缝机
18	暗拉明驳肩头	将前后衣片在肩头缝上组合，平服顺直	高速平缝机
19	袖包衫	袖山与袖窿包缝，吃势部位准确、均匀，缝缝顺直平服	高速双针链条车
20	驳袖包衫	驳缝顺直、平服，止口整齐	高速平缝机
21	袖包衫热定型	烫死，烫平	烫台
22	烫门里襟定型	烫死，烫平	吸风烫台
23	翻烫门襟	宽窄一致，平服整洁	吸风烫台
24	修剪二批过肩	两层过肩大小进出一致	烫台
25	钉商标	位置准确，缝线顺直、平服	高速自动剪线平缝机
26	修剪领圈、袖窿	修剪部位准确，刀口圆顺	烫台
27	卷缉摆缝	缉线顺直，平服，松紧一致	筒式双针链条车
28	烫袖衩条	将袖衩条对折烫平	烫台
29	袖衩热定型	袖衩烫平定型，烫死	吸风烫台
30	缉袖条	将袖衩条装在袖叉位置上，平服顺直	高速自动切线平缝机
31	袖头面子粘合衬	粘合平服，牢固，不起泡，不起壳，不渗胶	粘合机
32	卷缉袖头中线	缉线顺直、平服，宽窄一致	高速平缝机
33	合袖头	袖头面里缝合，缉线顺直、平服	高速平缝机
34	缉袖头止口	止口平服，宽窄一致	高速自动切线平缝机
35	翻袖头	将兜好的袖头面翻出	吸风烫台
36	合摆缝	缝子顺直、平服	五线包缝车
37	驳摆缝	驳缝顺直、平服	高速平缝机
38	缉袖头	缉线顺直、平服，袖头口整洁	高速平缝机

续表

序号	工序名称	工艺操作与质量要求	设备配置
39	缂领	领口整洁,缂领缉线顺直,领位居中	高速平缝机
40	驳领	驳领止口清晰、顺直、平服	高速自动切线平缝机
41	卷下摆边	卷边圆顺、平服,贴边宽窄一致	高速平缝机
42	修下摆边	修缝准确,按下摆造型修准、修好	工作台
43	锁眼	锁眼清晰整洁,眼大小与扣相符合	平头锁眼机
44	钉钮	扣位准确、牢固	钉扣机
45	点眼位	点眼位准确	工作台
46	包领角布	包领角部位准确,能保护领角整洁	工作台

二、男西裤

1. 男西裤款式图(见图 5-6)

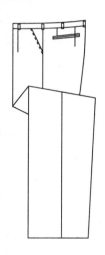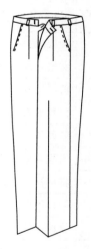

图 5-6　男西裤款式图

2. 男西裤主要工序设备配置(表 5-5)

表 5-5　男西裤主要工序设备配置一览表

序号	工序名称	工艺操作与质量要求	设备配置
1	门襟粘合衬	把两片叠好后放在粘合机上自动输入粘合,位置准确,平服,不起泡,不起壳	粘合机
2	缂门襟拉链	拉链距门襟外口 1cm 放平,用双针车缂双线一道,拉链位置准确,松紧适度	高速双针缝纫机

序号	工序名称	工艺操作与质量要求	设备配置
3	里襟粘合衬	将里襟粘合衬捋平、放准,留出间距,自动输入粘合。粘合要平服,不起泡,不起壳	粘合机
4	粘里襟尖嘴	将襟粘合衬捋平、放准,自动输入粘合,要求位置准确,不起泡,不起壳	粘合机
5	合里襟尖嘴	绱线顺直、平服,尖角居中,两侧大小一致,注意里外匀,尖头棱角要清晰	高速平缝机
6	翻烫里襟尖嘴	将尖角翻出并捋平,将止口烫平。要求止口整齐,棱角清晰,止口不反吐	烫台,电熨斗
7	做里襟	将尖嘴插进合里襟止口,缝子平服、顺直,尖嘴位置准确,止口不得反吐	高速平缝机
8	绱里襟拉链	拉链一侧与里襟里口并齐,沿里襟口绱止口一道,拉链要顺直,松紧适度	高速平缝机
9	粘腰衬,扣商标	按工艺规定间距叠放好腰面与腰衬,用适当压力烫平粘合。粘合要平服,不起泡,不起壳按折线扣烫商标	烫台,电熨斗
10	做腰里,钉商标	将预先折好的腰里上、下缝合,绱线要顺直,衬、里要平服,把商标钉在距里襟8cm处,端正整齐	高速平缝机 夹具
11	腰里缝合	沿腰衬将面、里、衬缝合,面里结合处压清止口一道,止口压在里子上。止口要顺直、平服,宽窄整齐一致	
12	做腰串带袢	用双针绱串腰带袢专用设备制作,针距0.7cm,止口整齐、顺直,注意色差	绱裤腰串带袢专用设备
13	做袋里袋	卷1cm宽袋口贴边,袋布长10cm、宽8cm,斜边位长7cm,贴边宽窄一致,止口顺直、整齐,袋角方整	高速平缝机
14	装袋里袋	装袋止口0.1cm,袋位准确,绱线顺直、平服	高速平缝机
15	合袋布	合袋绱缝0.6cm。绱线顺直、平服	带刀高速平缝机
16	绱插袋布	袋布口与斜袋口折线并齐,装袋位置要准确,绱线要顺直、平服	高速平缝机
17	绱袋口止口	沿袋口折线绱0.7cm宽袋口止口,平服整齐	高速平缝机
18	装门襟头道	装门襟头道0.8cm缝子。门襟止口与前裤片腰部并齐,绱缝要顺直、平服	高速平缝机
19	压门襟止口	将门襟头道翻转,绱0.1cm清止口,宽窄一致,不得下坑	高速平缝机
20	装后袋布垫头	放好垫头位置,绱0.5cm缝子一道,位置准确,底线要与袋布配色线	高速平缝机
21	收后省缝	收省大小为1cm,省缝大小要准确,省缝顺直,省尖平服	三自动电脑车
22	后袋双嵌线	位置对准,袋口高低、进出一致	自动开袋机
23	封袋口做后袋	将嵌线捋平,把袋布放好,绱0.5cm明止口。袋口整齐、四角方正。袋嵌线平服,袋布止口宽窄一致	三自动电脑缝纫机

续表

序号	工序名称	工艺操作与质量要求	设备配置
24	合侧缝	袋垫放平,合1cm侧缝,缝份宽窄一致,缉缝顺直、平服	高速平缝机
25	缉侧缝袋垫头	沿侧缝缉0.2cm缝子,缉线顺直,缉分缝平服	高速平缝机
26	缉里襟拉链	缉里襟拉链,缉缝窄宽1cm,拉链左右吻合,缉缝顺直、平服	高速平缝机
27	缉腰头道	缉腰缝份为1cm,松紧适度,在规定位置塞进串腰袢带,缉缝顺直、平服,腰袢位置准确	高速平缝机
28	合后裆缝	缉线顺直、平服	单针链条缝纫机
29	钉串腰袢带	位置准确,钉袢牢固	钉袢专用缝纫机
30	封小裆	封小裆门里襟,长短一致、牢固、整洁	高速平缝机
31	合下裆缝	缉1cm下裆缝,松紧适度,缉线顺直、平服,下裆十字对齐	单针链条缝纫机
32	分下裆缝	将下裆缝分开烫煞	吸风烫台,蒸汽熨斗
33	打套结	在后袋口、直袋口、裤门襟处打套结,整齐牢固,无遗漏	套结专用机
34	锁眼	在里襟尖嘴、后袋部位锁眼,位置准确,眼位端正、整洁	圆头锁眼机

三、男西装

1. 男西装款式图(图5-7)

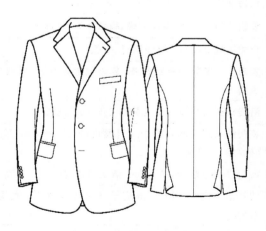

图5-7　男西装款式图

2. 男西服上衣主要工序设备配置(表5-6)

表 5-6　男西服上衣主要工序设备配置一览表

序号	工序名称	工艺操作与质量要求	设备配置
1	开报发片	衣片零部件齐全,编号清晰,片数准确	工作台
2	画省道,点袋位	丝缕条格对准,长短进出部位准确	工作台
3	配大盖袋,配手巾袋口	袋盖、袋口规格准确,丝缕与大身保持一致	工作台
4	前衣片肩部抽虚线	部位准确,吃势均匀,松紧适度,两片一致	专用缝纫机
5	收省、拼前衣小片	省缝顺直,长短大小,左右对称	高速平缝机
6	分烫胸省、肋省推门	分缝烫死,推门部位准确,两衣片大小一致	吸风烫台
7	粘袋垫衬	粘合牢固,部位准确,面衬平服	粘合机
8	粘袖窿牵带衬	袖窿牵带圆顺平服,松紧适度	烫台,蒸汽熨斗
9	止口、驳口、袋位定位	定位准确、标记清楚,不漏、不错位	工作台
10	合大袋盖	里外匀准确,袋盖长短、圆头大小两只对称	工作台
11	翻烫、画大袋盖,画净样	翻大袋盖整齐圆顺,画大袋盖,宽窄一致,袋盖止口不反吐	烫台
12	做手巾袋口	丝缕准确,袋角整洁	高速平缝机
13	缉手巾袋口	缉缝顺直,准确牢固	高速平缝机
14	开、烫手巾袋	开袋三角准确,熨烫平服、整洁	烫台
15	粘大袋嵌线(4 条)	粘合平服、牢固	粘合机
16	缉、开大袋口装,袋盖	正确操作电脑,袋大小、部位、规格准确	电脑自动开袋机
17	烫大袋嵌线	熨烫平服,嵌线并齐	烫台
18	缉大袋布垫头	缉缝平服、顺直,部位准确	高速平缝机
19	封袋口,装袋布,兜缉大袋布	封口整洁、方正,袋布缉缝顺直、平服、牢固	电脑三自动缝纫机
20	大袋口套结	套结牢固、整洁,部位准确	专用套结机
21	封手巾袋口,兜袋布	暗封袋口整齐、牢固,袋布缉缝顺直、平服	电脑三自动缝纫机
22	敷衬,缉垫肩,粘驳口线	敷衬、缉垫肩,粘驳口线,部位准确,松紧适度,平服、顺直	敷衬专用机
23	缉挂面,拼里子	线条顺直,两侧高低一致	高速平缝机
24	烫挂面里子	平服	吸风烫台
25	粘里袋嵌线	平服、牢固	粘合机
26	里袋、卡袋定位	部位准确,标记清楚	工作台
27	开里袋、卡袋	正确使用电脑开袋机,规格准确	电脑自动开袋机
28	翻烫里袋	平服	烫台
29	封里袋口、装三角袋盖	封口整洁,装三角袋盖居中	电脑三自动缝纫机

续表

序号	工序名称	工艺操作与质量要求	设备配置
30	缉里袋布	缉缝顺直、牢固、平服	高速平缝机
31	封卡袋口、缉袋布	封袋口整洁,缉袋布顺直平服	电脑三自动缝纫机
32	钉商标、尺码、标识	钉商标四角方正,尺码、标识部位准确牢固	电脑三自动缝纫机
33	撇门,画尖嘴	撇门准确,两片一致	工作台
34	叠手中袋布	部位准确、平服、牢固	叠缝机
35	粘敷前衣片,止口牵带,烫衬	顺直圆顺、整齐,两片一致	吸风烫台
36	合前片止口	缝子顺直,松紧适度,工艺符合质量要求	高速平缝机
37	修翻止口	修缝准确,止口整齐	烫台
38	烫大身止口	平服顺直,无吐止口	吸风烫台
39	扎止口	平服整齐,止口不反吐	专用缝纫机
40	叠挂面	平服牢固	叠缝专用机
41	叠里袋、卡袋、大袋	平服牢固	叠缝专用机
42	敷后背袖窿牵带	平服,松紧适度,部位准确	烫台
43	合后背缝	顺直、平服,缉缝准确	高速平缝机
44	归拨后背	归拨部位准确,工艺符合质量要求	烫台
45	合肩缝	缉缝顺直,吃势部位准确	电脑三自动缝纫机
46	分肩缝	分缝烫死,吃势部位准确	烫台
47	合面子摆缝	缉缝顺直、平服,长短一致	高速平缝机
48	合里子摆缝	缉缝顺直、平服,长短一致	高速平缝机
49	烫面子摆缝	分缝烫死,平服	吸风烫台
50	烫里子摆缝 扣底边	缝子烫死,平服	吸风烫台
51	叠摆缝、底边	位置准确、整齐、牢固	叠缝专用机
52	配领衬、画领脚眠刀	按规定净样配准	工作台
53	缉领侧面	缉缝顺直、平服	高速平缝机
54	领侧面三角针	平服、整齐	三角针缝纫机
55	修领侧面,打眠刀	修缝整齐,眠刀准确	工作台
56	缉领面、挖领脚	缉缝顺直,挖领脚准确	高速平缝机
57	修领面	准确、整齐	工作台
58	画领圈、串口	部位准确,线条清楚	工作台
59	缉领串口、缲领	顺直、圆顺	电脑三自动缝纫机
60	分烫领串口、包领角	分缝烫死,包角要整齐	烫台

续表

序号	工序名称	工艺操作与质量要求	设备配置
61	扎领侧面	针码均匀、整齐、平服	扎缝机
62	粘袖口衬	平服、整齐、牢固	烫台
63	归拨偏袖	归拨部位适当,两片一致	烫台
64	合面子袖缝	缉缝顺直、平服	高速平缝机
65	做袖衩	袖衩长短、大小一致	电脑三自动缝纫机
66	翻烫袖衩	平服,止口不外吐	烫台
67	合(里子)袖缝	缉缝顺直、平服	高速平缝机
68	兜袖口	平服顺直	高速平缝机
69	叠袖里子、袖口	整齐、牢固,部位间距准确	烫台
70	烫袖口	平服,袖口边宽窄一致	烫台
71	做吊带、钉吊带	吊带宽窄、长短符合要求	电脑三自动缝纫机
72	绱袖、装条	袖山圆顺,吃势均匀	绱袖专用缝纫机
73	压烫袖窿	压烫袖窿使其圆顺	烫台
74	扎袖窿	整齐、平服	烫台
75	绞袖窿	整齐,针距均匀,符合工艺要求	工作台
76	锁眼	眼位准确、端正	圆头锁眼机
77	钉扣	扣位准确	钉扣机

第六章　服装生产企业设备管理

工欲善其事,必先利其器。服装生产企业的专用设备及辅助设备,是企业生产力的重要组成因素,是企业固定资产的重要组成部分,是生产力不可缺少的条件之一,是现代工业企业的技术基础。科学、合理、有效地使用和管理设备,是企业管理中一项非常重要的工作内容。

服装生产设备及生产辅助设备的管理,包括设备的选购、设备的使用和保养、设备的维修、设备的日常管理以及设备的档案管理等,这些都是企业管理的重要组成部分。

第一节　设备管理概述

一、设备管理的概念

企业对设备的管理是全过程的,从设备的选购、设备的验收、设备的使用、设备的保养和维修、设备的档案,直至退出生产领域为止的管理。

设备在运动中是以物质和资金两种形态同时存在的。因此,按照这两种形态,设备管理可分为设备的技术管理和设备的经济管理。设备的技术管理,包括设备的采购与验收、安装与调试、使用与保养、改造与更新;设备的经济管理,则包括设备的投资、维修费用、折旧和更新改造资金的筹措、积累和支出等。设备的技术管理和经济管理是密切相关的,是一个问题的两个方面。本文侧重于设备的技术管理。

设备管理的范围,不仅包括生产工具与设备管理,而且还包括辅助设备、检验测试设备、研究实验用的仪器设备、管理用的设备等。

设备管理,通过有关对设备的计划、组织及一切规章制度的实施,达到如下目的:

(1) 技术上准确选用设备。做到既先进又具有实效。

(2) 经济上合理采购设备。价格适中,经久耐用。

(3) 应用上有效使用设备。充分发挥和提高设备的合理效能。

(4) 精心维护、修理设备。保证设备经常处于最佳工作状态,保证零部备件齐全完整。

(5) 维持正常的生产秩序。保证安全生产。

(6) 努力提高技术装备程度。使企业能取得长期的、最佳的经济效果。

现代服装工业企业的生产特点,就是由工人操作机器来完成作业。为此,机器的先进水平与完好程度,直接影响产品的质量与数量。

二、设备的主要种类

1. 生产设备

生产设备是指具有改变原料属性、形态或功能的各种设备,或与生产紧密相关的设备。比如,原料检测的仪器与设备,设计部门的 CAD 以及裁剪部的 CAM 系统,或采用传统的拖布机、电剪刀、环形带刀等,或两者兼用;缝纫车间的高速平缝机、包缝机、锁眼机、钉扣机及各类专用设备等;在熨烫车间的各种模型或平面的熨烫设备等。比较先进的服装工业企业,在生产全过程还安装了自动传递装置。这些都属于生产设备。

2. 动力设备

动力设备指用于生产的电力、热力、风力或者其他动力的各种设备。如发电机、蒸汽锅炉、空调中心、空气压缩机等。

3. 运输设备

运输设备指用于载人和运货的各类运输工具。如铲车、汽车及非机动车辆等。

4. 维修设备

维修设备是指用于维修设备和工具的各种机器设备。如各种机床及其他维修装备等。

5. 管理设备

管理设备是指计算机及企业的监控、报警等设备。

第二节　设备选购的要求

设备的选购,在理论上要求做到技术上先进和经济上合理的统一。但是由于各种原因,有时两者表现出一定的矛盾,如,设备效益虽然很高,但是能源消耗量大;又如,设备虽然先进,但是部件易损,遇到故障难以及时修复。如果稍有不慎,购买到的设备是"一只药罐头",购进后再好的管理也无济于事。为此,设备的选择一定要从全方位角度考虑。

从企业生产的实际出发,选购设备时必须综合考虑到以下因素。

一、设备的实用性

衡量该设备是否实用有效,一般是与现有设备相比,或与手工作业相比以证明其工作实际效率。比如使用高速带刀平缝机缝制袋盖,就免去修袋盖毛边的时间,可以提高一倍工作效率。又比如采用自动开袋机,每开一只袋的袋口只需 6 s,而手工作业开一只同样的袋口却需要 60 s,很明显,它比手工作业提高 10 倍工作效率。而且用机器开出来的袋口,可以做到袋口整齐,嵌线宽窄一致,质量有保证。

关于利用率的问题,也是一个必须考虑的实际问题。比如,用于缝制西裤后裆缝的单针链条车,可以保证后缝的牢度,但是对生产女装的企业来说,因为很少生产裤类产品,为此,对他们的企业来说这台机器的利用就不高,在经济上不合算。

二、设备的使用和维修性

企业购进的设备,不仅要方便使用,而且还要考虑到便于保养与维修。比如某台设备使用还算方便,但是其随机配备的只有一把备用刀具,且在使用过程中若刀具坏了,还只能向该生产厂购置,这样其维修就十分不方便。又比如有些设备结构过于复杂,服装企业缺乏维修能力,使企业不敢轻易购买。

三、设备的节能与环保性

购买设备时要注意到机器的能源消耗。比如与同一类型的设备相比较,每开动一小时或生产某一单位产品的耗电、耗油、耗煤、耗气量的性能是否最佳。切不可购置那些"油老虎""煤老虎""电老虎"的设备。

同时还要注意设备的环保性。比如设备的噪音及排放有害物质时对环境的污染程度。噪音危害人体的健康,也影响人的工作效率,在选择设备时要把噪音控制在保护人体健康的卫生标准范围之内。即使不得已必须购买有噪音的设备,也必须做好消音、隔音等措施。

四、设备的安全性

设备的安全性包含两层意思:一是安全生产,确保产品质量,不出质量事故,不生产有缺陷的产品;二是指能保证操作者的人身安全,即设备上的一切有可能伤害操作者的部位、部件都应设置安全保护措施,以确保操作者的人身安全。

五、设备的经济性

设备选购要从经济角度考虑投资回报的可能性。要选择机器性能好、生产效率高、价格适中的设备。在选择设备时,要对同样功能不同品牌的设备,作各类技术指标、性能的对比与评估,从中选出机器性能最好,经济性最优的设备。

第三节　设备的使用和保养

正确合理的使用和保养设备,是设备管理工作中的一个重要环节。文明使用设备,可以减轻设备的损耗,保持良好的工作性能和原有的设备精度,延长设备的使用寿命,节省维修费用与时间,为发展生产发挥更大的作用。

一、设备的合理使用

合理正确地使用设备,应做好以下六方面工作:

1. 按工艺特性配置设备

依据服装工业的生产特点和工艺过程,合理地配置各种专用设备。由于服装工业生产具有款式变化快的特点,工艺过程也要随之进行调整,为此就需要合理地配置各类专用设备。生产外贸订单的企业,要依据客户要求进行工艺加工。自主品牌的企业,要依据市场的款式流行设计新的工艺方法。为此,生产工艺的变化,必须要有相适应的设备进行加工生产。

服装生产企业的设备管理部门,应及时将原车间、小组的现有设备,按工艺要求重新进行配置。若本车间无法满足生产需要的,可在厂区内进行调整。若本企业无法合理配置的(不可以任意改装专业设备,以免发生故障后难以维修),可向兄弟单位商借或另行购置,及时调整生产流水线的设备配置。

2. 关键设备专人操作

各种专用设备要配备相应的工种和具有一定技术熟练程度的工人操作。为了更好地发挥专用设备的性能,使该设备在最佳状态下使用,必须配备与设备相适应的工种和工人,并且要求他们具有与该设备相适应的技术水平和操作技能,要求操作者熟悉并掌握设备性能、结构和维护保养技术,要能按照设备的操作规程进行使用。服装工业多数是单人操作,为此要建立"专人专机制",把每台设备的使用、保养和管理要具体落实到每位操作工人,做到台台设备有人管,人人有职责。操作工人必须真正做到"三好"(用好、管好、修好)、"四会"(会使用、会保养、会检查、会排除一般故障)和"五定"(定量、定人、定点、定时、定质)。为了尽快掌握国内外先进的专用设备,在使用前先请专人调试,然后移交给专职操作人员使用。

3. 创造适合设备运作的工作环境

企业要为专用设备创造良好的工作条件,特别是一些对湿度、光线、场地有特殊要求的设备。良好的工作环境是保证设备正常运转、延长使用期限、保证安全生产的重要条件。所有的设备都要求有一个整洁的工作环境和正常的生产秩序。

4. 遵守设备的维护和保养制度

正确制订、严格执行有关设备使用和维护保养方面的规章和责任制度,建立、健全设备的责任制度。

有关设备使用和维护保养方面的规章制度,是指导工人操作、维护和检修设备的技术法规。它是根据设备说明书中注明的各项技术指标制订的,正确的制订和贯彻执行这些规章制度,是合理使用设备的重要保证。为了合理使用这些设备,企业各级领导、设备管理部门、生产组长直至生产工人,在保证设备合理使用方面还应承担相应的责任。各个企业应根据各自的特点制订出切实的责任制度。规章制度一经确定,就要严格执行。对于严格遵守工艺规程、使用好、保养好自己设备的工人,应当予以表扬和物质鼓励;对于违反操作规程造成设备事故者,应当予以批评教育,直至行政处分。

5. 教育职工爱护设备

经常对职工进行爱护设备的宣传和教育以及专业技术培训。职工对企业设备的爱护程度,对于设备的使用和保养以及设备的效能能否发挥,具有极其重要的关系。所以企业领导和设备管理部门一定要对职工经常进行思想教育,充分调动工人的积极性,提高职工素质,使操作工人养成自觉爱护设备的良好风气和习惯。

为了使操作人员管好、用好设备,应搞好职工的培训工作,不断提高职工的科学文化水平,树立科学的态度和作风,苦练操作技术的基本功。通过培训,使操作工人不仅在正常状态下正确使用设备,而且在设备出现异常情况时也能进行妥善处理。

6. 安全检查及评比活动

组织职工开展"完好设备"的竞赛活动。要把开展"完好设备"评比竞赛列入车间、班组以及个人的劳动竞赛内容中,定期总结,优秀者可作为升职、增资的条件之一。

二、设备的维护

1. "三好、四会、五定"

企业要求每位职工对设备的使用都能做到"三好、四会、五定",更好地发挥设备在生产过程中的作用。

2. 按操作规程操作设备

操作规程应该明确维护保养的基本内容,作为操作人员遵循的守则。其内容如下:

(1) 定时擦洗设备油污,经常保持设备整洁;

(2) 按规定给油孔注油,保持设备机械润滑;

(3) 关注设备运转情况,及时发现故障隐患。设备在运转过程中,如果发现故障,应立即停机维修,不允许带病运作。并在机器上挂上"此机有故障待修"的标识,以免不知情的工人上机操作。

三、定期保养

由于各类设备的生产工艺、结构、复杂程度不同,保养类别较大。依据服装设备的结构性能,服装工业的缝纫设备及专用设备实行的是:日常保养、一级保养、二级保养,从而构成三级保养制度。

1. 日常保养

日常保养又称例行保养。它是一种经常性的、不占用设备运转工时的、由操作工人每天进行的维护保养。它的主要内容是擦洗设备各个部位及对各个油孔注油,使设备经常保持清洁和润滑。日常保养的项目和部位较少,大多数在设备的外部。保养完成后,必须要将机器擦干净,以免作业时影响到产品的整洁。

2. 一级保养

平缝机的一级保养:设备运转一个月需要进行一次一级保养,由操作工人负责、维修工指导进行。除完成日常保养内容外,主要是普遍地进行紧固、清洁、润滑,还要进行适当地调整。保养前先切断电源,内容和要求见表 6-1。

表 6 - 1 平缝机的一级保养

序号	保养部位	保养内容及要求
1	外保养	1. 清扫机体外部,使机体各部无积尘、布灰、油垢、黄袍,其中包括台板、线架、电灯、倒线架、夹线器、下档板等,做到外观清洁 2. 检查各紧固部位,补齐缺损螺钉 3. 自动加油,高速平缝机油标是否达到标准
2	内保养	1. 检查油盒,加满机油,各部油孔、油路要求畅通无阻 2. 机器内部各润滑件加油,高速平缝机要检查油质、油量、有无漏油现象。清除油泵吸油处积尘,做到油窗明亮、油路畅通、油泵工作正常 3. 拆卸针板,清扫送布牙(针板螺丝卸掉两只),在旋梭部位加油
3	电器	切断电源,清扫电动机、宝塔盘灰尘,对电动机油孔加油,要求电器装置固定整齐牢靠,开关灵敏,高速机要注意电器部分防尘保护,发现问题要及时排除

包缝机的一级保养:设备运转 200h 后进行一次一级保养,作业时间 1h,以操作工为主,维修工人指导进行。保养前先切断电源,内容要求见表 6 - 2。

表 6 - 2 包缝机的一级保养

序号	保养部位	保养内容及要求
1	外保养	1. 清扫机体各部位,使机体外部无积尘、油污,清理各夹线板内线絮、线头,做到外观清洁,其中包括台板、机脚等 2. 高速包缝机还要检查油标是否达到标准
2	内保养	1. 清扫机体内部积尘、布灰,拆卸压脚、针板、小挡板进行清扫 2. 检查牙架、牙齿部位是否裹线 3. 高速包缝机包括检查油泵是否正常
3	润滑	检查各油路、油孔是否畅通
4	电器	1. 清扫电动机 2. 电器装置固定整齐 3. 高速包缝机要注意电器部分防尘保护工作

注:含三线、四线、五线包缝机

套结机、锁眼机的一级保养:设备运转 200h 进行一次一级保养,作业时间 1h,以操作工人为主,维修工人配合进行。首先切断电源,然后进行工作,内容及要求见表 6 - 3。

表 6 - 3 套结机、锁眼机及其他专用设备的一级保养

序号	保养部位	保养内容及要求
1	外保养	清扫机体各部位,做到外观清洁,无积尘、无布灰、无黄袍,打开后罩板,清扫刹车装置
2	内保养	1. 清扫机体内部积尘、油盘积油 2. 检查调整割线刀、开眼刀 3. 检查刹车装置定位是否准确,并调整灵敏度

序号	保养部位	保养内容及要求
3	润滑	检查各油路、油孔是否畅通
4	电器	1. 清扫电动机 2. 电器装置固定整齐

电剪刀的一级保养：设备运转750h后进行一次一级保养，以操作工人为主，维修工人配合进行。首先切断电源，然后再进行保养，主要内容见表6-4。

表6-4　电剪刀的一级保养

序号	保养部位	保养内容及要求
1	外保养	清扫电剪刀各部灰尘、油污，做到电剪刀外观清洁
2	内保养	检查刀夹螺丝，清理刀槽磨刀，检查底板滚动珠并加油
3	电器	检查电源、插头、开关，电线的绝缘情况，要逐段仔细检查电线是否裂开或擦破

3. 二级保养

平缝机的二级保养：设备运转每一年进行一次二级保养，由维修工负责。除做好一级保养内容外，主要是进行内部清洁、润滑、调试以及局部解体检查和调整，主要内容见表6-5。

表6-5　平缝机的二级保养

序号	保养部位	保养内容及要求
1	上下轴螺旋伞齿传动结构	1. 清洗检查伞齿组件，加油 2. 清洗检查三轴，调整间隙
2	连杆挑线结构	1. 检修挑线曲柄、挑线杆及挑线簧，并调整间隙，配合均匀 2. 检修针杆与套筒，确保机针与针板孔无偏斜
3	旋梭钩线结构	检查调整旋梭各部配件间隙，必要时更换零件
4	送布结构	1. 检查、修复、调整长短牙档轴间隙 2. 修复或调换送布牙
5	其他结构	1. 清洗检查各润滑件、油路、油孔畅通无阻，并保持一定油量，自动、半自动机无漏油（高速平缝机半年换油一次） 2. 各部位螺钉齐全无缺、无异响、异震
6	电器	检查电动机声响、温升、离合器（宝塔盘），必要时调换零件（进口电动机按规定标准加油）

包缝机的二级保养：设备运转2500h，进行一次二级保养，由维修工人负责，主要内容见表6-6。

表 6－6 包缝机的二级保养

序号	保养部位	保养内容及要求
1	运转部分	1. 对所有运转部件进行检查,对磨损件进行修理或更换 2. 紧固各处螺丝,如有偏重现象进行调整修理
2	上、下刀	检查上、下刀架,调整并研磨上、下刀
3	弯、钩针	检查大小弯针和钩针是否松动,撞针及一切部位如有不正常现象,给予调整修理
4	润滑	1. 清洗油毡油盒,疏通油管 2. 国产机半年换一次油,进口机一年换油一次
5	精度	检查调整机器精度,使其达到加工产品工艺要求
6	电器	1. 拆洗电动机 2. 检修离合器

套结机、锁眼机及其他专用设备的二级保养:设备运转 2500 h,进行一次二级保养,作业工时为三天,主要内容见表 6－7。

表 6－7 套结机、锁眼机及其他专用设备的二级保养

序号	保养部位	保养内容及要求
1	运转部分	检查针杆摆动、螺旋齿轮、针杆切刀、偏心凸轮。检查梭头精度,调整或更换新梭头。检查各易损件磨损情况,予以修复并紧固调整各易损件。制动定位准确
2	润滑	检查疏通各油路、油孔,洗清底油盘油污,并更换新油(自动加油机定期更换新油)
3	精度	检查调整机器精度,使其达到产品加工工艺要求
4	电器	拆洗电动机

电剪刀的二级保养:设备运转 3000 h 后进行一次二级保养,作业时间为一天,由维修工人负责,主要内容见表 6－8。

表 6－8 电剪刀的二级保养

序号	保养部位	保养内容及要求
1	运转部分	检查主动轴和偏心轮轴的磨损,修理调整或更换新的零部件。加油清洗转子轴承,擦洗定子油污,检查各螺丝螺帽,测试电剪运转温升
2	刀床部分	检查刀床垂直度,刀床架和刀口面的不平度,拉杆手心离孔间隙和拉杆弯曲情况,酌情修理或更换新零件
3	底盘部分	检查、修理压脚和底盘的滚动珠

另外,服装 CAD、CAM 及挂吊式传递设备保养见表 6-9、6-10。

表 6-9　服装 CAD、CAM 及挂吊式传递设备一级保养

序号	保养部位	保养内容及要求
1	计算机系统	1. 计算机调试 2. 排除一般故障
2	机械部分	1. 调试绘图仪　　　　2. 调试自动裁剪装置 3. 调试挂吊式传递装置　4. 加润滑剂
3	支架及工作台	1. 加固工作台　2. 紧固联结处

表 6-10　服装 CAD、CAM 及挂吊式传递设备二级保养

序号	保养部位	保养内容及要求
1	计算机系统	1. 排除计算机病毒引起的故障 2. 排除计算机软件及硬件的故障 3. 检查与修复鼠标与键盘的故障 4. 全面调试清除垃圾
2	机械部分	1. 检查与修复绘图仪精度 2. 检查与调试自动裁剪装置 3. 调试与紧固传送装置 4. 加润滑剂
3	支架及工作台	1. 加固工作台　2. 紧固联结处

第四节　设备的台账管理

设备的台账管理是企业管理的重要环节。为了充分发挥设备的使用效率,掌握设备的动态情况和有关技术数据,保证合理运用设备,使设备经常处于良好状态。

台账的起始应从设备购入进厂日起至设备报废或售出日止,记录其设备运作的全过程。设备台账可以由计算机内存与文字台账同时进行。

一、设备的登记和立卡

(1) 根据设备进厂的先后顺序,逐台登记作为设备账务管理的原始凭证。

(2) 设备在移交生产第一线以前,应由设备管理部门统一编号,逐台建立台账及卡片,将编号固定在设备的明显处,以便清查核对。

(3) 设备分类台账要按设备不同类型分别编号,并按照设备分布地点、部门(车间或班组)

插放在卡片薄上,作为全厂设备分类、分布的依据。

(4)企业重要关键性的设备,应分别建立专用台账,卡片上要标明设备的特性和管理级别。

(5)凡是设备拥有量较多的车间、班组,为便于管理,应建立车间或班组的设备台账和卡片。

(6)财务部门和设备部门对各部门使用的有关固定资产的设备的增减和移装做好业务记录,及时进行核对,并与设备所属部门每年年中核实一次,年终盘点一次,做到账、卡、物三相符。如发现不符合时要查明原因,及时做好调整。

(7)非生产设备,原则上由使用部门登记、使用、保养,如设备部门已登记入账的切不可重复登记。

二、设备移装、借用及调拨管理

(1)凡已列入企业固定资产的设备,未经设备主管部门批准,车间一律不得擅自移装和调动。借用设备的操作工人,必须是同类型机器操作熟练工。在借用期间借用部门对设备的使用、维护及修理负责。借用结束后,需经借出部门验收同意后,方能结束借用之责。

(2)设备外借时,必须经设备动力部门办理借用合同,并按月收取高于折旧费的租用金,经厂长批准方能生效。长期借用设备合同一式三份,一份设备部门留存,一份交财务,一份交借用单位。

(3)关于设备调拨问题,在计划经济时期,按经济所有制规定,国营企业(也称全民制)之间的设备可以互相无偿调拨,集体所有制企业之间的设备也可以互相无偿调拨。如今这种企业之间的调拨已不再存在,但是在集团公司下属工厂之间的设备调拨有作价调拨,也有无偿调拨的。

(4)无论是哪种形式的调拨,在设备移交时都必须将所有附件、图纸、说明、档案等一并移交给调入单位。

三、设备的改进、改装及更新管理

1.设备的改进和改装

为延长设备的使用寿命,提高设备的机械化、自动化程度,增强设备零件的坚固性和耐磨性,克服设备的薄弱环节,改善劳动条件以及使各配件适应我国系列而改变技术状态,称为设备的改进。为了满足生产工艺要求,扩大工艺使用范围,提高产品质量与加工精度而改变设备条件状态,称为设备的改装。

设备改进与改装,要达到花费投资少、经济效益大、加工周期短的好处,但在设备改进和改造时一定要提倡科学研究、周密试验、确定方案、确有把握而且有明显的经济效益才能拆改。

一般设备的改进由企业设备部门审批;主要设备的改进和所有设备的改装,由设备管理部门填写《设备改进改装申请单》,经企业经理或厂长批准;重要设备及精密、大型、稀有设备的改装,必须十分慎重,请专家论证或进行模拟试验,认为确有把握后才准实施。严禁不讲科学、急于求成,严禁盲目地改装或改变设备结构,以防造成设备功能的降低或损坏。

一般设备的小改小革,可与设备的大修同时进行,做到修理和改革相结合,提高其设备的使用性能。

设备改进和改装后,原设备不用的附件应退回仓库保管,以免丢失。

2.设备的更新

老旧设备的更换称作设备的更新,也称替换投资。

设备更新是以先进的设备取代落后的设备,以高效设备取代一般设备。设备更新不仅仅是质量上的新旧替换,而主要是技术上的更新换代。因此,确定一台设备该不该更新,并不是以其磨损已到极限,使用寿命已终为惟一标准,而是看其经济寿命是否终止,亦应以技术水平高低为主要依据。

设备更新是为了调整设备结构,提高设备精度,适应产品品种的发展需要,提高质量和经济效益。影响产品质量的设备、事故多的设备、生产效率低的设备、能源消耗大的设备及生产线上不适宜但可改作他用的设备,虽然有形磨损未到极限,但也可列入设备更新的计划。为适应科技进步,每年应对本企业设备作一次检查,对不适应的旧设备提出设备更新计划,经设备部门编制年度计划,年设备更新率一般不应低于 5%。

四、设备的备件管理

备件的科学管理和合理储备,对于确保设备正常运转、提高产品质量及缩短设备维修停歇时间具有重要的作用。基本要求是:以最经济的办法,科学地、合理地储备备件,组织配件采购和生产,及时满足设备维修的需要,保证设备的正常运转,确保生产顺利进行。

在设备使用过程中易损的,需要按储备原则在备件库内储存的零部件,称为备件。在设备维修过程中,发现损坏的需要直接购置或修复的零部件称作配件。备件和配件管理的要求如下:

(1)易损的、一时又难以买到的专用设备的备件,特别是进口的或外地购进的设备,企业应适当储备,确保设备的正常运转。

(2)无法外购的备件,企业设备管理部门应制订自制备件的生产计划,并按季度、年度计划做好备件储备工作。

(3)无论是外购的或是自制的备件,在进仓前必须严格检验,确保备件的质量。

(4)备件的仓库管理,要做到规格齐、数量清、质量好,堆放整齐,对号入座,账、卡、物一致。

(5)备件领用要及时登记销账,并及时补充,使库内始终有一定数量的备件。备件储存量可根据实际需要制订。

(6)每季度作一次盘点、清查,确保备件管理工作运转正常。

五、设备的封存、启用与报废管理

(1)闲置 3 个月以上的设备,由使用部门就地封存,封存时应切断电源,擦拭干净,滑动导轨面涂以防锈油并覆盖油纸,挂牌显示。由原使用部门指定专人负责保管和定期保养,不允许在露天或无防雨防潮设施的地点存放设备。

（2）封存6个月以上的设备,必须由使用部门通知设备动力部门,确认属于不再使用的,报主管厂长批准后,列为企业封存设备或待置设备,分别填写《设备封存申请单》或《多余可供资源明细表》。封存设备如需启封使用时,使用部门必须填写《设备启用申请单》,经有关部门会签后,方可使用。

（3）设备列为企业封存或待置设备财务部门收到清单及明细表后,隔月起暂停该台设备折旧和向财政部门申请免交固定资产占用税。

（4）设备封存或待置的设备的所有附属设备附件及专用工具,必须随同主机清点封存,做好防锈工作。

（5）难以修复的设备使用超过年限,主要结构陈旧、缺损或精度低劣或影响安全并难以修复的设备,可申请报废。

（6）能源消耗大的设备虽然完好,但是能源及消耗物料大,在经济上不合理的设备,也可以列入申请报废范围。

（7）申请报废的设备要例行一定的报批手续,并认真地进行技术鉴定、审核。一经批准报废的设备,原则上就不再外调或出售。

六、设备的维修管理

设备维修的目的:通过维修工作达到预期的生产效率,要求最低限度地减少维修费用与停机损失,以最小的经济代价换取更高的维修效果,从而保证设备质量,提高设备综合效率。

设备维修的方式:在进行设备维修的实施中,考虑到维修性和经济性的效果,一般有以下六种方式:

（1）预防维修。这是以预防为主,根据设备正常的检查记录或运转中对产品质量、生产效能方面存在不正常的征兆,在设备发生故障前就进行预防性的维护与修理。

（2）定期维修。在规定的时间间隔或在累计运转工时基础上,不考虑设备的技术状况如何,按照事先安排进行的维修工作内容进行定期精度检查、大修、中修、项修、一保、二保及预防性试验等。要把应修设备列入年、季、月检修计划,认真落实。生产与设备维修发生矛盾时,应根据"先维修,后生产"的原则合理安排。

（3）局部维修。按具体情况,确定部位,进行局部修理,用最少的修理时间和费用达到最大的经济效果。

（4）故障维修。这是指设备发生故障后的突发性的维修,应组织力量全力抢修。

（5）改良性维修。这是改变原有设备的结构,改善原有设备的技术性能,给旧设备装上新部件、新装置、新附件等,使其达到或局部达到新的技术水准,在维修中操作工人应配合参加（改良性维修需经有关部门组织论证与批准）。

（6）节日维修。设备在平时生产中连续工作(多班制或流水线)无法进行修理,或需修项目较大,停工后影响全厂性生产,可利用节日进行维修。

七、设备的档案管理

设备档案是管好设备的基本条件和依据。设备的迁移安装、试车验收、正确使用、维修改进,都必须依据设备档案所积累的文件来指导这些生产活动。因此设备档案的建立、保管和使用是一项极为重要的工作,必须认真做好。

设备档案的形成:设备档案包括从设备进厂开箱验收起,经安装、试车、投产、使用、维护、修理、改装、封存、启用、调迁直至申请报废为止,整个生产活动中指导性技术文件和设备技术性能的变化状况概录等技术文件。

1. 设备档案基本内容

1) 设备进厂后,开箱验收过程中的技术文件

(1) 设备出厂时的装箱单;

(2) 设备使用和安装说明书;

(3) 精度检验标准的出厂合格证;

(4) 设备的随机备件图册;

(5) 设备开箱验收证明书及其他随机文件;

(6) 开箱验收清单。

2) 设备安装、试车、验收过程中的技术文件

(1) 设备安装工艺规程;

(2) 设备安装基础图、电气接线图、地下管道和有关隐蔽工程图;

(3) 设备的试车规范(空车和实物缝制)及其试验记录;

(4) 设备精度检查记录;

(5) 设备安装验收合格证。

3) 设备投产过程中的技术文件

(1) 移交给车间的设备附件清单;

(2) 设备的维护、保养、操作和技术安全规程;

(3) 设备的润滑图表。

4) 设备在使用、维修过程中的技术文件

(1) 设备二级保养情况记录;

(2) 设备事故报告单;

(3) 设备在大修及二保过程中,现场测绘的图纸、大修易损件更换明细表,关键缺损件修换工艺及修理尺寸记录,设备大修总结记录;

(4) 设备大修后精度检查记录及验收移交单;

(5) 设备检查中历次普查记录。

5) 设备改进、安装和报废处理过程中所产生的技术文件

(1) 合理化建议及处理结果记录;

(2) 设备改进、改装技术申请书及其审批文件;

(3) 设备改进、改装过程中所设计的图纸及有关工艺文件;

设备在报废前的技术鉴定书,报废处理申请书及其审批文件。

2.设备档案的整理和保管

（1）设备部门将上述各种设备资料搜集整理后归并档案室,由档案室立专柜、分类别、有条不紊地妥善保管。

（2）企业设备档案建立的重点应放在企业的重点设备和精细设备上。

（3）设备档案的保管一般分为:

①设备档案袋——盛放该设备安装、试车投产、使用维修、迁移到报废整个过程的各种技术文件(除另外独立管理的资料外)。②文件图册——是指导维修的重要技术资料,应装订成册,分类保管。各件图册包括本厂测绘和向生产厂或外单位索取的原图复制图。③底图——本厂测绘或原图勾描成底图,同类设备的底图集中保管,应建立底图台账。④原图——向生产厂(或外单位)索取的易损零件的图册作为原始资料装订成册,并建立原图账号分类保管。⑤说明书——设备的使用说明书,应按型号、类别单独存放在专用柜内,并建立说明书台账。⑥精度检验标准——企业的各类设备均应有精度检验标准,生产中使用精度检验标准是企业根据设备出厂标准的复制品应分类建账保管,便于维修时使用。⑦蓝图——为了便于维修,有条件的档案室(柜)应常备一些设备维修的易损件的蓝图,按设备型号分类保管。⑧其他技术资料——各企业根据具体情况,收集整理装订成册,分类保管。

后面附有相关表格。

附表：

附表 1：

设备购置申请单

编号：ZH-ZJ-630-01   序号：

设 备 名 称		购 买 数 量	
型 号（规格）		价 格 预 算	
使 用 部 分		到 厂 日 期	

主要技术参数：

购置原因说明：

申 请 人		审 核		批 准	
日 期		日 期		日 期	

附表 2：

设 备 验 收 单

编号：ZH-ZJ-630-02　　　　　　　　　　　　序号：

设 备 名 称		数 量	
型号（规格）		价 格	
生 产 厂 家		到厂（完成）日期	

主要技术参数：

随机附件及数量：

随机资料：

设备安装调试情况：

设备验收结论：

备注：

（使用部分）签名：　　　　　　　　　　　设备管理员签名：

　日　　期：　　　　　　　　　　　　　　　日　　期：

附表 3：

设 备 分 类 台 帐

编号：ZH-ZJ-630-04   填表人：   类别：   设备名称：

设备编号	型号规格	制造厂	制造日期	进厂日期	原值	电机台/kW	复杂系统		使用部门	备注
							机械	电器		

附表 4：

设 备 管 理 卡

编号：ZH-ZJ-630-03   序号：

设 备 名 称：		编 号：	
型 号（规格）：		验 收 日 期：	
生 产 厂 家：		使 用 部 门：	

主要技术参数：

随机附件及资料：

记录人：   日期：

检修情况记录：

备注：

附表 5：

设 备 保 养 计 划

编号：ZH-ZJ-630-07   序号：

序 号	设备编号	设备名称	保养内容	检修时间	检修人

编制：   日期：   批准：   日期：

附表6:

<h1 style="text-align:center">设 备 保 养 记 录</h1>

编号:ZH-ZJ-630-06   序号:

设备名称:		型 号:		设备编号:	
使用部门:		保养日期:		保养人:	
	保养项目	保养措施		验收部门	备注

附表 7:

设 备 检 修 单

编号:ZH-ZJ-630-08 　　　　　　　　　　　　　　　　序号:

设 备 编 号:		设 备 名 称:	
型 号(规格):		使 用 部 门:	

故障现象:

　　　　　　　　　　　　　　　　　　　　　　检修申请人:　　　　日期:

检修情况记录:

　　　　　　　　　　　　　　　　　　　　　　检修人:　　　　　　日期:

检修结果:

　　设备管理员:　　　　日期:　　　　使用部门确认:　　　　日期:

备注:

附表 8:

设 备 维 修 记 录

编号:ZH-ZJ-630-05   序号:

日 期	设备名称及编号	维 修	处理办法及调换配件	备 注

维修者:

附表 9：

设 备 报 废 单

编号：ZH-ZJ-630-09   序号：

设 备 编 号：		验 收 日 期：	
设 备 名 称：		价　　格：	
型 号（规格）：		使 用 部 门：	

报废原因：
申请人签名：　　　　日期：

审批意见：
批准人签名：　　　　日期：

备注：

附表 10：

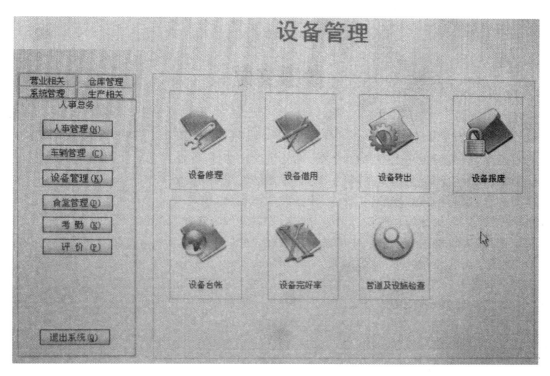

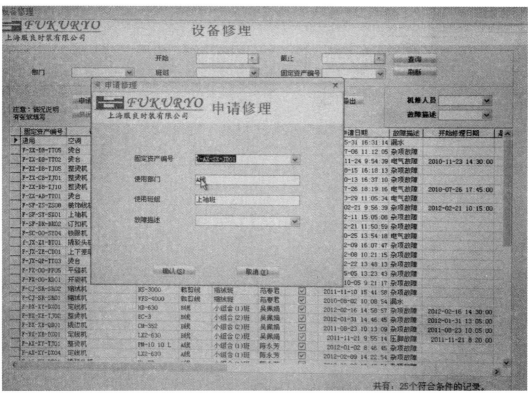

参考文献

［1］缪元吉. 服装设备与生产［M］. 上海：东华大学出版社，2008.

［2］姜蕾. 服装生产工艺与设备［M］. 北京：中国纺织出版社，2008.

［3］孙金阶. 服装机械原理［M］. 北京：中国纺织出版社，1990.

［4］孙苏榕. 服装机械原理与设计［M］. 北京：中国纺织出版社，1994.

［5］宋哲. 服装机械［M］. 北京：中国纺织出版社，1993.

［6］辉殿臣. 服装机械原理［M］. 北京：中国纺织出版社，1990.

［7］四川省劳务开发暨农民工工作领导小组办公室. 川缝纫. 北京：中国纺织出版社，1990.

［8］袁吉祥. 缝纫设备使用维修入门［M］. 合肥：安徽科学技术出版社，2009.

［9］宋嘉朴. 服装设备［M］. 上海：东华大学出版社，2009.

［10］汪建英. 服装设备及其运用［M］. 杭州：浙江大学出版社，2010.